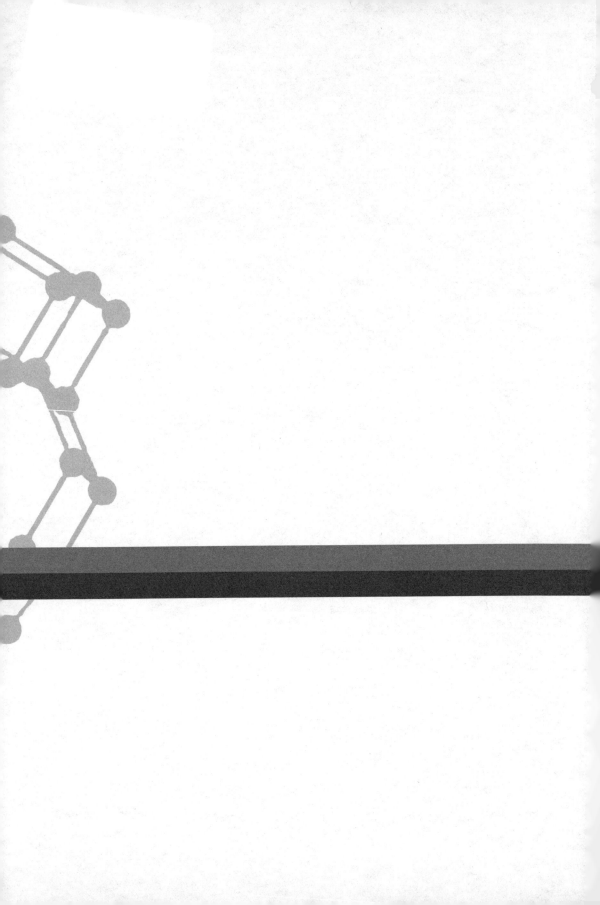

分子筛基脱硝催化剂的制备及性能研究

马媛媛 ◎ 著

黑龙江大学出版社
HEILONGJIANG UNIVERSITY PRESS
哈尔滨

图书在版编目（CIP）数据

分子筛基脱硝催化剂的制备及性能研究 / 马媛媛著
. — 哈尔滨 ： 黑龙江大学出版社，2023.8（2025.4 重印）
ISBN 978-7-5686-0957-9

Ⅰ．①分… Ⅱ．①马… Ⅲ．①脱硝－分子筛催化剂－
制备－研究②脱硝－分子筛催化剂－性能－研究 Ⅳ.
① O643.36

中国国家版本馆 CIP 数据核字（2023）第 048015 号

分子筛基脱硝催化剂的制备及性能研究
FENZISHAI JI TUOXIAO CUIHUAJI DE ZHIBEI JI XINGNENG YANJIU
马媛媛　著

责任编辑　李　卉
出版发行　黑龙江大学出版社
地　　址　哈尔滨市南岗区学府三道街 36 号
印　　刷　三河市金兆印刷装订有限公司
开　　本　720 毫米 ×1000 毫米　1/16
印　　张　10.5
字　　数　177 千
版　　次　2023 年 8 月第 1 版
印　　次　2025 年 4 月第 2 次印刷
书　　号　ISBN 978-7-5686-0957-9
定　　价　49.80 元

本书如有印装错误请与本社联系更换，联系电话：0451-86608666。

前　言

  分子筛是一种具有规则孔结构的结晶无机材料,由氧桥连接的 TO_4 四面体 (T 代表骨架原子)组成。分子筛材料由于其高度结晶的骨架结构而具有较好 的水热稳定性。此外,通过离子交换法可以有效调控分子筛的酸位点,以满足 各种化学反应的需求。基于这些优势,分子筛作为高效稳定的催化剂广泛应用 于石化、能源和环境领域。其中,分子筛催化剂在环境催化领域发挥着不可或 缺的作用。

  在环境领域,氮氧化物(NO_x ,包括 NO 和 NO_2 等)是引起雾霾、光化学烟雾 和酸雨的重要污染物。我国柴油车产生的 NO_x 占 NO 总排放量的近 90%,控制 柴油车 NO_x 污染物排放迫在眉睫,因此采用氨选择性催化还原(NH_3-SCR)技 术对柴油车尾气排放进行控制。为了满足越来越严格的排放标准要求,人们对 柴油机尾气排放后处理系统进行了改进,如前置的柴油颗粒过滤器和柴油车复 杂多变的运行条件,要求 NH_3-SCR 催化剂具有较宽的(200~600 ℃)温度窗口。 在柴油车冷启动阶段,碳氢化合物和 CO 的不完全氧化以及柴油燃料中碱金属 的存在,容易引起催化剂中毒。因此, NH_3-SCR 催化剂应满足实际应用中的各 种情况。

  本书采用离子交换法、一步合成法以及浸渍法合成了 Cu-Ce/MZ、 Cu-Ce/SAPO-5/34、Cu-Ce/CNT-SAPO-34、Cu-Ce/Mn-Ce-TS-1 以及 Mn- Fe/TS-1 催化剂,分析了分子筛孔结构、相态、表面酸性、活性组分的分散性及 负载量等方面对 NH_3-SCR 催化剂的活性、抗 H_2O 和 SO_2 性的影响,为柴油车尾 气净化催化剂的选择提供一定的理论依据。

本书在撰写过程中虽然查阅了大量文献资料，但由于笔者水平有限，难免会有不足之处，敬请读者批评指正，同时对本书中所引用参考文献的作者表示感谢。

马媛媛

2022. 11

目　录

第1章　绪论

1.1　引言

氮氧化物(NO_x, $x = 1,2$)是一种刺激性气体,会造成光化学烟雾、酸雨、臭氧消耗和温室效应等问题。目前 NO_x 污染呈加重趋势,严重破坏了生态平衡,已成为制约社会经济发展的重要因素之一。NO_x 的排放主要来源于化石燃料的燃烧,主要分为机动车发动机燃烧燃料等移动源排放以及发电厂燃煤等固定源排放。在机动车流量大的城市,大量 NO_x 被排放到环境中,这将严重损害公众健康。

NO_x 的排放控制技术分为机内净化技术和尾气后处理技术两大类。机内净化技术通过降低空燃比改变机内燃烧条件,减少燃烧过程中 N_2 向 NO_x 的转化。

1.2　NH_3-SCR 技术

目前,针对柴油车尾气 NO_x 后处理的研究主要有 NO_x 选择性催化还原(SCR)技术和稀燃 NO_x 捕集(LNT)技术等。其中,SCR 技术根据还原剂的不同又可以分为氨选择性催化还原 NO_x(NH_3-SCR)技术和碳氢化合物选择性催化还原 NO_x(HC-SCR)技术。另外,还有一些尚处于实验研究阶段的柴油车尾气 NO_x 控制技术,如 NO_x 催化分解技术、H_2 选择性催化还原 NO_x(H_2-SCR)技术以及低温等离子体(NTP)辅助 SCR 技术。

由于尿素-SCR 技术具有优异的脱硝性能和宽温度窗口,因此成为目前应用最广泛的脱硝技术。尿素-SCR系统利用氨(NH_3)作为还原剂,NH_3是从尿素水溶液中分解得到的。用尿素替代NH_3,这是因为气态NH_3难以储存,有毒性并存在安全性问题。典型的尿素-SCR系统包括尿素喷射系统、混合器、SCR催化剂、NO_x和温度传感器等,如图1.1所示。

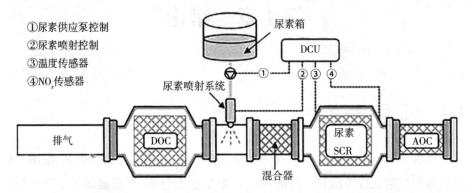

① 尿素供应泵控制
② 尿素喷射控制
③ 温度传感器
④ NO_x传感器

图1.1 尿素-SCR系统示意图[带氧化催化器(DOC)和氨氧化催化器(AOC)]

尿素水溶液通过喷射系统定量地喷入排气管中,经过几次反应分解生成气态NH_3作为还原剂,与尾气混合后接触SCR催化剂。反应(1-1)为雾化尿素从水溶液蒸发成熔融的尿素。然后发生反应(1-2)的热分解,生成NH_3和异氰酸(NHCO)。随后,NHCO与水通过水解反应(1-3)生成大量的NH_3。以上反应的总反应为(1-4),即尿素转化为气态NH_3。

$$NH_2-CO-NH_2 \longrightarrow NH_2-CO-NH_2(熔融) \tag{1-1}$$

$$NH_2-CO-NH_2(熔融) \longrightarrow NH_3(g) + NHCO(g) \tag{1-2}$$

$$NHCO(g) + H_2O(g) \longrightarrow NH_3(g) + CO_2(g) \tag{1-3}$$

$$NH_2-CO-NH_2(水溶液) + H_2O(g) \longrightarrow 2NH_3(g) + CO_2(g) \tag{1-4}$$

尿素-SCR系统将NO_x还原为N_2的过程可分为标准反应、快速反应和慢速反应三种反应路线,NO、NO_2和NH_3的物质的量比是决定反应路线的主要因素。

$$标准反应:4NH_3 + 4NO + O_2 \longrightarrow 4N_2 + 6H_2O \tag{1-5}$$

$$快速反应:2NH_3 + NO + NO_2 \longrightarrow 2N_2 + 3H_2O \tag{1-6}$$

$$慢速反应:4NH_3 + 3NO_2 \longrightarrow 3.5N_2 + 6H_2O \tag{1-7}$$

将 NO 还原为 N_2 的反应(1-5)为标准反应,此反应为主反应,这种反应在没有氧气的情况下是非常缓慢的,而且不适用于尾气后处理系统。由于 SCR 催化剂上游存在氧化催化器(DOC)装置,在稀薄的大气中 NO 被氧化为 NO_2,发生反应(1-6),NO 和 NO_2 的反应速率最快,与 NH_3 反应减少 NO_x 排放。然而,如果尾气中主要是 NO_2,则发生慢速反应(1-7)。

1.3　NH_3-SCR 催化剂的研究现状

1.3.1　钒基催化剂

目前 V_2O_5-WO_3(MoO_3)/TiO_2 催化剂已经应用于火力发电厂进行 NO_x 脱除,但仍存在操作温度窗口窄、SO_2 氧化为 SO_3 活性高、高温下易生成 N_2O 等问题。此外,V_2O_5-WO_3(MoO_3)/TiO_2 催化剂的热稳定性较差,高温会导致 TiO_2 烧结,锐钛矿相转变为活性较弱的金红石相,同时导致 V、W 物种析出甚至挥发。因此,人们通过对 V_2O_5 或 TiO_2 载体进行改性/掺杂、调整载体的孔结构和晶面等来克服这些缺点。

添加或掺杂其他金属氧化物或元素如 F、Nb、Sb、Cu、Mn 和 Ce 是提高催化剂活性的主要途径,而碱金属和碱土金属(Na、K、Ca 和 Mg)会使催化剂失活。Zhang 等人发现 F 掺杂能提高 NO 转化率。V_2O_5-WO_3/TiO_2-$F_{1.35}$(Ti/F=1.35)在 210 ℃ 下的 NO 去除率最高(82.8%),这是由于 WO_3 与 TiO_2 的相互作用形成了氧空位,增加了还原 W^{5+} 的数量,而 W^{5+} 对超氧离子的形成起到重要作用。Tian 等人制备了 Cu、Mn、Ce 掺杂的 V_2O_5-WO_3/TiO_2 催化剂,并研究了其性能。Cu、Mn、Ce 使催化剂表面呈中度酸性,提高了 V^{4+}/V^{5+} 值,从而改善了催化剂的氧化还原性能,提高了催化剂的活性。Ce 改性可以提高 V_2O_5/TiO_2 催化剂的 SCR 活性。

Chen 等人研究了碱和碱土金属(Na、K、Ca 和 Mg)掺杂的 V_2O_5-WO_3/TiO_2 催化剂活性。活性高低顺序为:K > Na > Ca > Mg。活性不同的主要原因为:(1)Na 和 K 比 Mg 和 Ca 更能减少 Bronsted 酸位点的数量,降低稳定性;(2)表面化学吸附氧依次减少;(3)Na 和 K 离子对 W 还原程度有影响,Ca 和 Mg 离子对 W 还原程度无影响;(4)钒基碱金属中毒是导致 V_2O_5-WO_3/TiO_2 催化剂失活的主要因素。

微孔 TiO_2 负载的 VO_x 催化剂比商业 TiO_2(DT-51)负载的催化剂具有更宽的温度窗口和更好的 N_2 选择性。微孔 TiO_2 可以抑制块状 V_2O_5 的形成,而块状 V_2O_5 是生成 N_2O 的主要原因。此外,微孔 TiO_2 负载的 VO_x 催化剂与中孔 DT-51 相比,表现出更好的抗 SO_2 性,这是因为与在微孔表面负载高度分散的 VO_x 相比,在介孔表面负载块状 VO_x 中的 V—O—V 更有利于将 SO_2 氧化为 SO_3。

1.3.2 锰基催化剂

MnO_x 催化剂由于存在多变的价态和良好的氧化还原能力,因此具有较高的低温催化活性。然而,纯 MnO_x 催化剂的工作温度窗口窄,高温下 N_2 选择性差,SO_2 耐受性低,制约了其实际应用。因此可以通过与其他过渡金属/稀土金属氧化物形成混合氧化物或固溶体以及调节 MnO_x 的特定纳米结构、形貌、晶面和孔结构等方法弥补 MnO_x 催化剂的不足。

催化剂的温度窗口是衡量催化剂性能的重要指标。越宽的温度窗口越有助于反应的彻底进行,从而越利于提高脱氮效率。锰基催化剂具有良好的低温活性,但温度窗口较窄。Cai 等人发现,Fe 和 Mn 可以有效增大催化剂的比表面积和孔体积,从而拓宽温度窗口。引入 Fe 和 Mn 添加剂后,在 240 ℃下的 NO 转化率分别从 71% 提高到 93% 和 91%,如图 1.2 所示。同时,与其他催化剂相比,其在高温范围内的催化性能保持相对较高的水平。

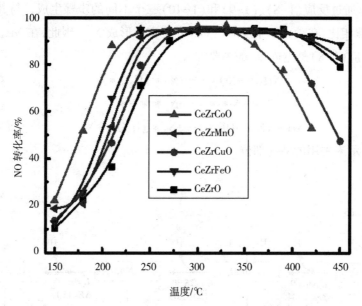

图 1.2 CeZrO 和 CeZrMO 催化剂的 NO 转化率随温度变化曲线

稀土金属的掺杂使催化剂的温度窗口变得更宽。Guo 等人将锑作为添加剂添加到 $MnTiO_x$ 催化剂中,并研究了其 SCR 活性。结果表明,催化剂在 100 ~ 400 ℃ 时表现出优异的 SCR 活性,这是因为锑的加入改善了活性组分的分散性,并促进催化剂生成更多的表面酸位点和表面吸附氧。Cao 等人发现,锆的加入也可以在较宽的温度范围内提高 SCR 活性。

N_2 选择性是评价催化剂催化性能的重要指标。在 NH_3-SCR 反应过程中,NH_3 的高温氧化和硝酸盐的高温分解可以促进 N_2O 的形成,而 N_2O 产量的增加会降低 N_2 选择性。许多研究表明,向催化剂中掺杂其他金属可以显著提高 N_2 选择性。Xiong 等人发现,在 Mn/CeO_2 催化剂中掺杂 Ti 或 Sn 可有效改善催化剂的微观结构,缩小晶粒尺寸,增大比表面积,提高 N_2 选择性。Wu 等人通过共沉淀法合成了一系列 $FeMnTiO_x$ 复合氧化物催化剂。结果表明,样品的 NO 转化率和 N_2 选择性均在 90% 以上,在 150 ~ 350 ℃ 温度范围内表现出一定的抗 SO_2 性和耐 H_2O 性。Yang 等人研究了 $CuMn_2O_4$ 催化剂的 NH_3-SCR 反应机理。他们发现,$CuMn_2O_4$ 催化剂在低温下表现出良好的 N_2 选择性。NO 在 $CuMn_2O_4$ 表面会发生不同路径的 NH_3-SCR 反应,如图 1.3 所示。在 NH_3-SCR 反应过程中,N_2 可以通过反应(1-8)、(1-9)和(1-10)三个不同的步骤生成。与其他两个基本步骤相比,在动力学中反应(1-8)中更容易形成 N_2。因此,在 NH_3-SCR 反应中,反应(1-8)是生成 N_2 的主要方式。

$$NH_2*+NO* \longrightarrow N_2*+H_2O* \tag{1-8}$$

$$N*+N** \longrightarrow N_2**+* \tag{1-9}$$

$$NH*+N*+OH* \longrightarrow N_2*+H_2O*+* \tag{1-10}$$

其中,$*$ 表示未占用的活性部位。

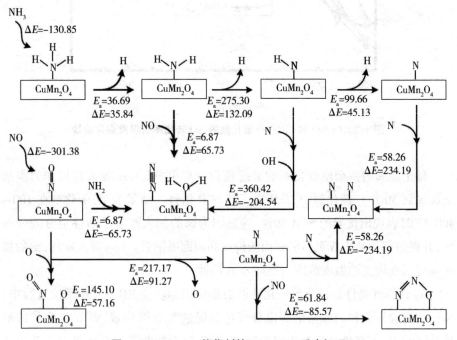

图 1.3　$CuMn_2O_4$ 催化剂的 NH_3-SCR 反应机理

CeO_2 作为一种催化剂,因其良好的储氧性能和氧化还原性能而得到了广泛的研究。Mn-Ce 氧化物催化剂促进了 NH_3/NO_x 的吸附和 NH_2/NO_2 活性中间体的形成。MnO_x 能将 NO 氧化为硝酸盐或亚硝酸盐,在 CeO_2 上可以形成大量亚硝酸盐。Co、Sm 和 Eu 添加剂增加了 Mn^{4+} 的含量,产生了更多的表面吸附氧和表面酸位点。Mn-Eu 氧化物的温度窗口较宽(150~400 ℃),NO 几乎100%转化,但随着温度的升高,N_2 选择性从100%下降到95.5%。Cu 能促进无

定形 MnO_x 的形成,并与 Mn 发生电子转移($Cu^{2+} + Mn^{3+} \longleftrightarrow Cu^+ + Mn^{4+}$),在较低温度下促进 NO 氧化为 NO_2。

控制纳米材料的结构和形状可以提高催化性能。因此,在调节 MnO_x 的晶面和形态方面研究者们做了大量的工作。Gong 等人发现不同晶体结构 MnO_x 的 SCR 活性由高到低的顺序是:$\gamma\text{-}MnO_2 > \alpha\text{-}MnO_2 > \delta\text{-}MnO_2 > \beta\text{-}MnO_2$。$\gamma\text{-}MnO_2$ 和 $\alpha\text{-}MnO_2$ 的还原性及酸性更强,化学吸附氧含量更高。隧道结构的 $\alpha\text{-}MnO_2$ 比层状晶型的 $\delta\text{-}MnO_2$ 表现出更好的活性,这是因为在配位不饱和环境中,$\alpha\text{-}MnO_2$ 具有更多来自 Mn 离子的 Lewis 酸位点。较弱的 Mn—O 键和高效的隧道结构有利于对 NH_3 的吸附。与 $\delta\text{-}MnO_2$ 相比,$\alpha\text{-}MnO_2$ 在晶体结构和表面性能方面更有利于 NH_3 和 NO_x 的活化。

1.3.3 铁基催化剂

铁基催化剂由于具有优异的热稳定性、良好的中-高 SCR 活性、良好的 N_2 选择性以及在高于 300 ℃ 的温度下具有优异的抗 SO_2 性,一直被用于 NH_3-SCR 反应。然而,纯 Fe_2O_3 催化剂的温度窗口较窄,因此大多数的研究工作都集中在调节晶相/晶面和纳米结构来改善其低温活性,同时通过修饰或掺杂其他组分来改善其热稳定性、酸性及氧化还原性。

Fe_2O_3 纳米材料的晶相和形貌控制是材料科学和催化领域的研究热点。赤铁矿($\alpha\text{-}Fe_2O_3$)和磁赤铁矿($\gamma\text{-}Fe_2O_3$)常用于催化反应中。$\gamma\text{-}Fe_2O_3$ 催化剂对 NH_3 和 NO_x 的吸附能力不同,在 150~300 ℃ 时表现出比 $\alpha\text{-}Fe_2O_3$ 更好的活性。如图 1.4 所示,NH_3 和 NO_x 均能在 $\gamma\text{-}Fe_2O_3$ 上吸附并发生反应。对于 $\alpha\text{-}Fe_2O_3$ 而言,被吸附的 NH_3 能与气态 NO 发生反应,但气态 NO 比气态 NH_3 更容易被 $\alpha\text{-}Fe_2O_3$ 吸附,从而形成稳定的硝酸盐堵塞活性中心,导致 SCR 活性降低。在 200~400 ℃ 范围内,具有反应活性(110)晶面和(001)晶面的 $\gamma\text{-}Fe_2O_3$ 纳米棒 NO 转换率可达 80%,N_2 选择性为 98%。(110)晶面和(001)晶面含有铁中心和邻近的碱性氧中心,这些活性中心协同促进 NO 和 NH_3 的吸附和活化。Liu 等人通过 $\alpha\text{-}FeOOH$ 热处理制备了不同比表面积的 $\alpha\text{-}Fe_2O_3$。他们发现,升高热处理温度可以提高 $\alpha\text{-}Fe_2O_3$ 的结晶度,减少表面氧缺陷,从而降低活性。

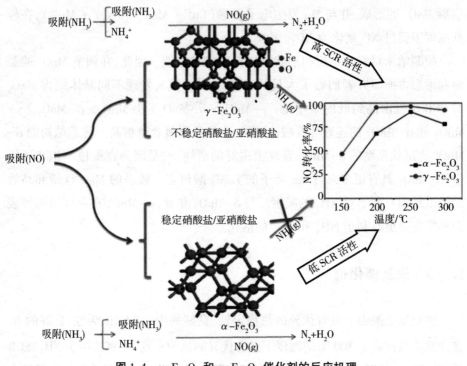

图 1.4 γ-Fe$_2$O$_3$ 和 α-Fe$_2$O$_3$ 催化剂的反应机理

虽然 γ-Fe$_2$O$_3$ 具有较高的低温催化活性,但 γ-Fe$_2$O$_3$ 在温度高于 320 ℃ 时可以转化为 α-Fe$_2$O$_3$,导致 SCR 活性降低。此外,在高温下 NH$_3$ 易被催化氧化成 NO,也会导致 SCR 活性降低。因此,提高 γ-Fe$_2$O$_3$ 的热稳定性和抑制 NH$_3$ 在高温下催化氧化生成 NO 有利于拓宽温度窗口。抑制 γ-Fe$_2$O$_3$ 向 α-Fe$_2$O$_3$ 转变的有效方法是用其他金属离子部分替代 Fe^{3+}(四面体 Fe^{3+} 或八面体 Fe^{3+})。Qu 等人用非活性的 Ti^{4+} 或 Zn^{2+} 取代八面体 Fe^{3+} 位或四面体 Fe^{3+} 位,发现 γ-Fe$_2$O$_3$ 的活性在掺杂 Ti^{4+} 后没有变化,但与 Zn^{2+} 掺杂后活性降低,表明四面体 Fe^{3+} 位是 SCR 的活性位。电子在四面体中心比在八面体中心更容易从非活性的 Fe^{2+} 转移到活性的 Fe^{3+},因此四面体 Fe^{3+} 位对 SCR 反应具有活性。为了抑制 NH$_3$ 的氧化,Yang 等人将 Ti 加入 γ-Fe$_2$O$_3$ 中,降低 Fe^{3+} 的氧化能力。硫酸化后,NH$_2$ 吸附和氧化位点得到分离。因此,γ-Fe$_2$O$_3$ 催化氧化 NH$_3$ 生成 NO 的反应受到明显抑制。Sun 等人研究了掺杂 Ti^{4+}、Ce^{3+}/Ce^{4+} 和 Al^{3+} 对 Fe$_2$O$_3$ 活性的影响。活性顺序为:Fe$_9$Ti$_1$O$_x$> Fe$_9$Al$_1$O$_x$> Fe$_9$Ce$_1$O$_x$。结果表明,Ti^{4+} 掺杂催化

剂的酸性强,还原性中等,活性最高。

1.3.4 铜基催化剂

目前对铜基催化剂的研究主要集中在 Cu 离子交换分子筛上,因为存在孤立的 Cu 离子和二聚体 Cu 物种等高活性位点。纯氧化物 CuO_x 催化剂仅在较窄的温度窗口内表现出较差的活性。CuO_x 由于其 Cu^{2+}/Cu^+ 的价态变化较大,通常作为 Mn-氧化物或 Ce-氧化物催化剂的促进剂。铜基催化剂的活性和选择性主要受制备方法和助剂修饰的影响,这对控制铜基催化剂的结构特征起着决定性的作用。Yan 等人利用 Cu-Al LDH 前驱体制备出高度分散的 Cu-Al 混合氧化物催化剂。优化后的 $CuAlO_x$ 催化剂由于 CuO 纳米颗粒高度分散,在 200 ℃时 NO_x 转化率可达 91.1%。此外,$CuAlO_x$ 对碱金属(K、Na)、SO_2 和 H_2O 的耐受性也明显优于传统的 $CuO/\gamma-Al_2O_3$ 催化剂。同样,利用 $Cu-Ti-CO_3$ LDH 前驱体制备的 $CuTiO_x$ 催化剂由于 CuO 相高度分散、酸性中心丰富、氧化还原性能强,在 200 ℃时 NO_x 转化率可达 88.9%。Cu-Nb 二元氧化物催化剂在 180~330 ℃范围内 NO 转化率达到 100%。Nb 的引入提高了酸量和 NO 的吸附量,而 $Cu^{2+}+Nb^{4+}\longleftrightarrow Cu^++Nb^{5+}$氧化还原路线提高了氧化还原性能,从而导致其具有优良的低温催化活性。

负载型 CuO_x 基催化剂的温度窗口可以通过调节载体的氧化还原性和酸性来改善。通过调控 Lewis 酸和 Bronsted 酸的酸量和酸强度,CuO_x/WO_x-ZrO_2 催化剂在 200~320 ℃范围内表现出高于 80% 的 NO 转化率。Li 等人采用湿法浸渍法制备了 CuO_x/CNT、CuO_x/AC 和 $CuO_x/$石墨催化剂,发现 CuO_x/CNT 的活性最好。Cu^+ 的存在、良好的分散性和强酸位点的存在有利于提高低温催化活性。Meng 等人通过 CNT 和 CuAl-LDH 的组装制备出 CuAl-LDO/CNT 催化剂(图1.5),发现 CuAl-LDO/CNT 催化剂与 CuAl-LDO 相比表现出更好的 NH_3-SCR 催化性能。这种良好的催化性能归因于催化剂的适当表面酸性和氧化还原能力,与 CNT 诱导层状双氢氧化物成核和分离作用导致的铜基活性中心的高度分散有关。此外,由于 CuAl-LDO/CNT 与 CNT 之间的协同作用,该催化剂还获得了优异的抗 H_2O 和抗 SO_2 性,大大促进了硫酸铵在较低温度下的活化和分解。铜基催化剂存在的主要问题是工作温度窗口窄。因此,拓宽铜基催化剂的温度窗口是未来一个非常重要的研究方向。

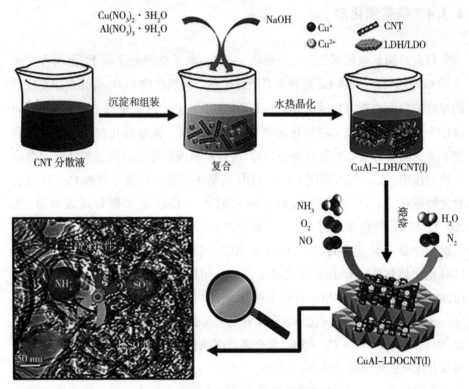

图 1.5　CuAl–LDO/CNT 催化剂的制备

1.3.5　铈基催化剂

铈基催化剂因其高的储氧/释氧能力和优越的氧化还原性能而受到广泛的关注。但是 CeO_2 的表面酸性较弱,导致纯 CeO_2 催化剂的活性较差。因此,人们通过酸预处理、硫酸盐处理或酸性促进剂改性等方法来改善 CeO_2 基催化剂的酸度。为了进一步改善铈基催化剂的氧化还原性和酸性,人们构建了三元氧化物催化剂,用来调节催化剂的孔结构和形态等。由于 CeO_2 易于硫酸化,因此提高铈基催化剂的抗 SO_2 性一直是一个难题。目前,可以通过抑制 SO_2 的吸附/氧化,或通过添加功能化的添加剂生成多余的牺牲位点以减弱 CeO_2 的硫化作用。

铈基催化剂表面酸性和热稳定性较差,这在很大程度上限制了其商业应用。众所周知,SCR 催化剂合适的表面酸度可以促进氨的吸附,防止氨在高温下氧化,从而获得优异的催化性能。可以用酸处理催化剂或载体提高 SCR 催化剂的表面酸性。用 H_2SO_4、H_3PO_4、HF 等对 CeO_2 进行预处理,可以有效提高 CeO_2 催化剂的表面酸度。经 H_2SO_4 预处理的 CeO_2 在 300~500 ℃ 的高温下表现出较高的催化活性,这是由于其具有较丰富的酸位点、Ce^{3+} 物种、晶格缺陷和可还原物种。在 230~450 ℃ 范围内,经 $Ce(SO_4)_2$ 预处理的 CeO_2 表现出良好的活性和 N_2 的选择性。硫酸根与 Ce^{4+} 结合所形成的 $Ce(SO_4)_2/CeOSO_4$ 复合物有助于吸附 NH_3,而非选择性地将 NH_3 氧化为 N_2O。用 HF 预处理 CeO_2 也可以提高 SCR 的活性,因为其具有较高的 NH_3 吸附量、较低的结晶度、较好的还原性和丰富的表面化学吸附氧。Si 等人通过浸渍法用磷酸盐处理 $Ce_{0.75}Zr_{0.25}O_2$ 制备了 $Ce_{0.75}Zr_{0.25}O_2$-PO_4^{3-} 催化剂,大大提高了 NH_3-SCR 的性能。结果表明,磷酸盐处理可以提高 $Ce_{0.75}Zr_{0.25}O_2$ 催化剂的表面酸性。

纯 CeO_2 的酸性较弱,其催化活性和稳定性不理想。许多研究人员对过渡金属如 W、Mo、Mn、Fe、Co 和 Nb 改性的铈基催化剂进行了大量研究,发现一种或多种过渡金属的掺杂可以显著提高铈基催化剂的氧化还原性和酸性。此外,三元金属氧化物催化剂中可能会形成双氧化还原循环,不同尺寸离子之间的相互作用将形成更多的晶格缺陷,并产生更多的氧空位和酸位,这有利于提高铈基催化剂的活性和稳定性。据报道,Ce-W 催化剂具有良好的 NH_3-SCR 活性和稳定性、氧化性和酸性。此外,许多研究已经证明 Nb_2O_5 是强酸性的,Nb 的掺杂通常会提高催化剂的表面酸性。因此,选择将 Nb 掺杂到 Ce-W 催化剂中。可以推测出,CeO_2 优异的氧化还原性能与 NbO_x 和 WO_x 物种较强的酸性相结合,可以使 Ce-W-Nb 三元催化剂具有优异的 NH_3-SCR 性能。

众所周知,催化剂的形态可以调节元素的价态、晶格缺陷和酸碱性质。Zhan 等人制备了高度有序的介孔 WO_3-CeO_2 催化剂,由于 Ce^{3+} 浓度高、表面活性氧物种和 Lewis 酸中心丰富,在 225~350 ℃ 范围内 NO 转化率接近 100%。介孔 Mn-Fe-Ce-Ti 氧化物表现出良好的抗 SO_2 性,这是因为介孔结构能够实现 $(NH_4)_2SO_4$ 生成和分解之间的动态平衡。TNT 管状结构能抑制 CeO_2 晶体的生长。NH_3 在 TNT 内部较高的结合能导致 NH_3 在管道内部富集。此外,纳米管上的 OH 基团可以与 K^+ 进行离子交换, 保护 TNT 内部的 CeO_2 不受碱中毒的影响。CeO_2/TNT、CeO_2 掺杂的硫化后的 TNT 和 Nb 掺杂的 Ce 纳米管催化剂均表现出较强的耐碱性能, 这主要是催化剂的空心管结构和丰富的表面酸位导致。Wu 等人制备的 V_2O_5-$MnO_2/3D$-CeO_2 催化剂具有优异的抗 SO_2、H_2O 性。V_2O_5-$MnO_2/3D$-CeO_2 催化剂三维有序介孔结构的存在可以抑制 NH_4HSO_4 的形成, 并在低温下加速 NH_4HSO_3 的分解, 如图 1.6 所示。此外, 在 SO_2 和 H_2O 气氛中, V_2O_5-$MnO_2/3D$-CeO_2 介孔结构上形成了结晶的 V_2O_5 纳米颗粒和稳定的 $CeSO_4$, 这在传统的 V_2O_5-MnO_2/CeO_2 催化剂中是不存在的。Wang 等人对比了由 WO_3 掺杂的 CeO_2 纳米立方体、纳米颗粒和纳米棒的催化性能。他们发现, CeO_2 纳米颗粒在 300 ℃ 以下表现出较高的催化活性。然而, Ce 基催化剂的形态与催化性能之间的关系需要进一步阐明。最近, Li 等人报道了采用化学沉积法制备的 CeO_2-MnO_x 催化剂, 它是一种新型的具有优异活性和抗 SO_2 性的核-壳结构催化剂。因此, CeO_2 的形态、结构对其 SCR 效率和氧空位的形成具有显著影响。

CeO_2 基催化剂的 N_2 选择性较差, 可能会限制商业化的应用。此外, N_2O 作为一种温室气体, 可以与 N_2 同时产生。N_2O 的产生主要归因于非选择性催化还原反应(NSCR)。通常, N_2O 主要由四个反应生成:

$$3NO \longrightarrow N_2O + NO_2 \tag{1-11}$$

$$2NH_3 + 2O_2 \longrightarrow N_2O + 3H_2O \tag{1-12}$$

$$4NO + 4NH_3 + 3O_2 \longrightarrow 4N_2O + 6H_2O \tag{1-13}$$

$$4NO_2 + 4NH_3 + O_2 \longrightarrow 4N_2O + 6H_2O \tag{1-14}$$

在催化剂表面, NO 可以通过歧化反应转化为 N_2O。除此之外, N_2O 可以通过在 O_2 存在条件下直接氧化 NH_3 而产生。在 O_2 存在条件下, N_2O 通过 NO 和吸附的 NH_3 之间的反应形成, 或者通过 NO_2 和吸附的 NH_3 之间的反应形成。通过对 N_2 选择性机理的研究, 人们普遍认为 N_2O 的两个 N 原子分别来源于 NH_3 和 NO。此外, 为了改善 CeO_2 基催化剂的 N_2 选择性, 必须明确 N_2O 的形成是哪种机制主导的。Yang 等人指出, 在 MnO_x-CeO_2 上低温 NH_3-SCR 中 N_2O 的形成归因于 E-R 机制, 而 L-H 机制几乎不起作用。NO 还原和 N_2 形成与气态 NO 浓度近似呈线性关系, 这可能与 N_2O 形成无关。此外, NO 还原、N_2O 和 N_2 生成与气态 NH_3 浓度有不可分割的关系。通常, N_2 选择性与以下因素密切相关：气态 NO 浓度、气态 NH$_3$ 浓度和气体空速（GHSV）。显然，表面酸度的增加有助于提高 NH$_3$ 的吸附能力，从而提高催化剂的 N$_2$ 选择性。Ma 等人利用溶胶-凝胶法制备了 WO$_3$ 改性的 MnO$_x$-CeO$_2$ 催化剂，该催化剂在 140~300 ℃ 温度范围展现出优异的 NO$_x$ 转化率。随着 WO$_3$ 的改性，CeO$_2$ 基催化剂的 N$_2$ 选择性大大提高。研究表明，WO$_3$ 的掺杂增强了 WO$_3$ 和 CeO$_2$ 之间的相互作用，并增加了催化剂酸位点的数量，高活性氧与 NH$_3$ 反应并产生随后的去质子化，这是生成 N$_2$O 的主要原因。此外，NH$_3$ 的过度去质子化产生了大量的 NH，刺激了 N$_2$O 的产生，这导致 N$_2$ 选择性不足。他们认为，WO$_3$ 的掺杂提高 N$_2$ 选择性的可能原因有两个方面。一方面，WO$_x$ 物种的引入增加了布朗斯特酸位点的数量，同时增加了铈-金属氧化物催化剂的表面酸度，从而提高 NH$_3$ 吸附能力。另一方面，WO$_3$ 的加入抑制了 NH$_3$ 的过度氧化。因此，它使铈-金属氧化物催化剂具有适当的氧化能力，改善了铈基催化剂的 N$_2$ 选择性。

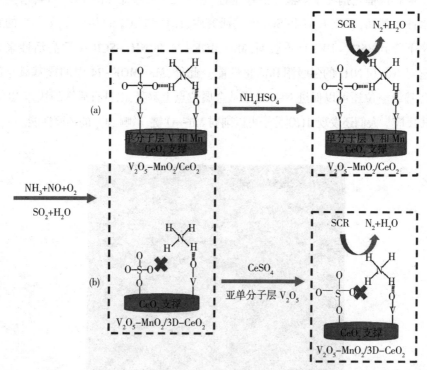

图 1.6　硫酸盐在（a）V$_2$O$_5$-MnO$_2$/CeO$_2$ 和（b）V$_2$O$_5$-MnO$_2$/3D-CeO$_2$
催化剂上存在的形式

1.3.6　金属有机骨架催化剂

金属有机骨架(MOF)是通过金属离子和有机配体的配位合成的多孔晶体材料,其具有大比表面积、大孔体积、规则结构和高度分散的金属活性位点等优点。通过使用不同的金属和有机配体,可以调整具有不同孔径大小和孔结构的MOF。近年来,MOF的独特结构和良好的催化活性在SCR领域得到了广泛的研究。

Mn、Cu、Fe和Ni基MOF是最常见的用于SCR的单金属MOF。氧化锰是一种传统的SCR催化剂,具有良好的低温SCR活性。Jiang等人报道了一种空心球形的Mn-MOF-74催化剂,如图1.7所示,在220 ℃下可以达到99%的NO_x转化率。这种催化剂的高催化活性来自于其良好的反应物吸附和活化性能。为了提高该催化剂在水溶液中的稳定性,用P123来修饰Mn-MOF-74,增强其耐水性。然而,在抗H_2O和SO_2性的研究中,H_2O和SO_2的共存导致NO_x的转化率下降到85%。DFT计算表明,Mn-MOF-74在NH_3-SCR中的高活性来自于它对NO和NH_3的强吸附和活化性能。此外,Mn-MOF-74中的羧基氧空位和羟基氧空位还可以促进NO_2分子从金属位点上解吸,以进行后续的快速NH_3-SCR反应。人们还发现,H_2O分子可以削弱Mn—O键,影响NO_x的还原性能。

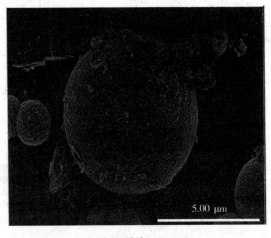

5.00 μm

(a)

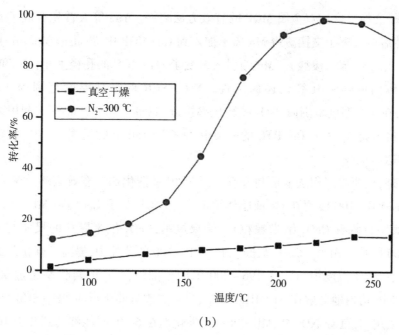

（b）

图 1.7　Mn-MOF-74 的 SEM 图(a)和 NH$_3$-SCR 活性(b)

在合成 MOF 的过程中,如果同时存在两种金属中心物种,就有机会合成双金属 MOF。双金属 MOF 可以采用与单金属 MOF 类似的合成方法来制备,但在制备过程中使用两种金属盐作为反应物。为了形成双金属 MOF,两种金属阳离子能够同时与配体反应,避免形成单金属阳离子 MOF。此外,还可以通过离子交换法合成双金属 MOF。通常将一种 MOF 在室温或高温下浸泡在另一种金属的硝酸盐或氯化物溶液中一段时间,进行离子交换。Zhang 等人通过水热法合成了 Fe-Mn-MIL-100 用于 NH$_3$-SCR 反应。Fe-Mn-MIL-100 与单金属的 Fe-MIL-100 或 Mn-MIL-100 具有共同的晶体结构,但在 NO$_x$ 的还原中表现出比 Fe 或 Mn 单金属 MOF 更高的催化活性。在 280 ℃时,Fe-Mn-MIL-100 的 NO$_x$ 转化率高达 96%,在 260~330 ℃的温度范围内,NO$_x$ 的转化率高于 90%。相比之下,Fe 或 Mn 单金属 MOF 的 NO$_x$ 转化率远远低于 90%。这表明,Fe 和 Mn 之间的协同效应增强了 Fe-Mn 双金属 MOF 在 NH$_3$-SCR 中的催化活性。在 SO$_2$ 和 H$_2$O 存在条件下,该催化剂的 SCR 性能不降反升,提高了 6%。这是因为 SO$_2$ 和 H$_2$O 在反应条件下形成了 SO$_4^{2-}$,增强了催化剂表面的酸度。

离子交换是合成双金属 MOF 的有效方法之一。Yao 等人首先合成了 Cu-MOF,然后通过离子交换法将 Mn 离子加入到 Cu-MOF 中,以获得 Mn/Cu-BTC(BTC=1,3,5-苯三羧酸)。Mn 的引入改变了 Cu-MOF 的孔径大小,Mn 和 Cu 的协同作用增强了其氧化还原活性。NH_3-SCR 的最佳温度范围为 230~260 ℃,在这个温度范围内,NO_x 的转化率接近 100%。同样,Shi 等人利用离子交换法将金属 Ag 引入 Cu-BTC 的框架中,在高于 180 ℃ 的温度下,NO_x 的转化率能够达到 92%。

此外,浸渍或沉积法也是制备双金属 MOF 基催化剂的有效策略。Want 等人将 Fe-MIL-100 浸泡在 Ce 前驱体溶液中,成功制备了 CeO/Fe-MIL-100 催化剂(其中封装有 CeO_2 纳米颗粒)。结果显示,CeO_2 纳米颗粒的尺寸与 Fe-MIL-100 的孔径相当。CeO_2 被嵌入 Fe-MIL-100 的孔隙中,提高了催化剂的低温活性,扩大了温度窗口。在 196~300 ℃ 的范围内,NO_x 的转化率超过 90%。同样,将 Pt 均匀地分散在 Al-MIL-96 中,也可以改善催化剂的 NH_3-SCR 性能。Xue 等人用 H_2 还原 NO_x,Pt_5MIL-96/CP 催化剂在 60 ℃ 时能够达到几乎 100% 的 NO_x 转化率。Huang 等人比较了浸渍法和原位沉积法制备的 MOF 基催化剂的性能,发现原位沉积法制备的 MnO_x/UiO-66 具有更好的催化性能,这主要是因为原位沉积法比浸渍法更有利于提高 MnO_x 的分散性。

1.3.7　离子交换分子筛催化剂

分子筛是一种具有规则孔结构的结晶无机材料,由共享氧原子的四面体 TO_4(T 代表骨架原子)组成。通常分子筛根据孔径大小可分为八元环的小孔分子筛(孔径为 4.0 Å)、十元环的中孔分子筛(孔径为 5.5 Å)、十二元环的大孔分子筛(孔径为 7.5 Å)和具有大于十二元环的超大孔分子筛。分子筛的孔径与分子尺寸相似,因而分子筛具有优异的形状选择性。它们的内部通道和体腔空间赋予分子筛大比表面积。分子筛材料由于其高度结晶的骨架结构,因此具有很高的水热稳定性。此外,可以通过离子交换法调节分子筛的酸位,以满足各种化学反应的条件。因此,离子交换分子筛催化剂在 NH_3-SCR 应用中越来越具有吸引力。

（1）Fe 交换分子筛催化剂

Fe 交换分子筛催化剂一般在中高温下具有活性。为了提高低温活性，很多研究者都致力于通过构建特定的核-壳结构和通过修饰/掺杂增强氧化还原循环来促进 NH_3-SCR。通过核-壳结构的设计，Fe 分子筛催化剂的水热稳定性和 SO_2 耐受性也得到了提高。此外，不同形貌的分子筛正在被广泛开发，人们致力于筛选出具有优异水热稳定性和抗烃类焦化性能的 Fe 分子筛催化剂。

Liu 等人设计了以 Fe-Beta 为核，纳米 TiO_2 薄膜为壳层的核-壳结构催化剂，在 C_3H_6 存在环境下，与 Fe-Beta 催化剂相比，核-壳结构催化剂 NH_3-SCR 活性有所提高。结果表明，TiO_2 壳层将 NO 氧化为 NO_2，促进了快速 SCR 反应（图 1.8）。此外，TiO_2 壳层有效防止了焦炭和硝酸盐物种的沉积堵塞活性位点，同时抑制了活性金属氧化物纳米粒子在高温下的聚集。同样，CeO_2@Fe-Beta 核-壳结构催化剂表现出良好的抗 H_2O、抗 SO_2 性和较宽的温度窗口（225~565 ℃），NO_x 转化率超过 90%。CeO_2 壳层促进了活性 NO_2 和 cis-N_2O_2 物种的形成，而厚的 CeO_2 壳层（约 20 nm）会导致惰性硝酸盐物种的形成，引起高温活性降低。

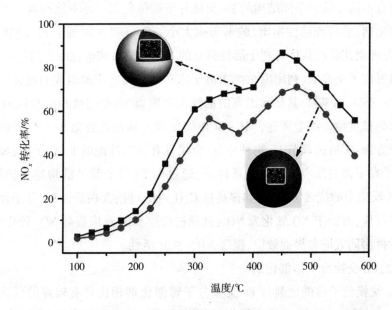

图 1.8　核-壳结构 Fe-Beta@TiO_2 构型及 NH_3-SCR 反应的示意图

Cu 的改性/掺杂可以有效拓宽 Fe 交换分子筛催化剂的温度窗口。Sultana 等人采用离子交换法制备了 Cu-Fe/ZSM-5 催化剂,与 Fe/ZSM-5 或 Cu/ZSM-5 相比,其 NO_x 转化率更高。在不影响 Fe/ZSM-5 高温活性的前提下,加入少量 Cu 即可提高低温活性,这是因为掺杂了易还原金属物种。Zhang 等人采用湿法浸渍法制备了 Fe-Cu/ZSM-5 催化剂,在 200~475 ℃ 的宽温度范围内 NO 转化率高于 90%。Fe-Cu 纳米复合材料的高度分散提高了氧化还原能力和酸性,从而提高了活性。Fe 和 Cu 的离子交换顺序对所得金属物种的分散和配位环境有重要影响,从而导致不同的活性。研究者们对 Fe-ZSM-5、Fe-BEA、和 Fe-MOR 等 Fe 交换分子筛催化剂进行了深入研究。Ma 等人发现,Fe-ZSM-5、Fe-MOR、Fe-BEA 活性逐渐增强。在 C_3H_6 存在的情况下,即使 C_3H_6 在 350 ℃ 发生焦化,Fe-MOR 仍保持较高的活性,NO_x 转化率接近 80%,而 Fe-BEA 和 Fe-ZSM-5 的活性分别为 38% 和 24%。Fe 分子筛催化剂的孔结构是影响焦炭形成的主要因素之一。与 ZSM-5 和 BEA 相比,MOR 分子筛的一维结构有利于 C_3H_6 扩散,酸性相对较低,不易结焦失活。

催化剂的结构设计和调节能有效提高催化活性和稳定性。因此,人们制备出了具有不同形貌和空间结构的 Fe 交换分子筛催化剂。基本结构调节方法是改变催化剂(载体或活性物质)的形态或大小。Feng 等人制备了 Fe/ZSM-5 催化剂,发现菜花状的载体有利于活性孤立的 Fe^{3+} 的分布和催化能力的提高。Shi 等人通过离子交换法,利用由 50% 去离子水和 50% 无水甲醇组成的混合溶剂制备了 Fe-ZSM-5/WM,其显示出宽的活性温度窗口、良好的抗 SO_2 和抗 H_2O 性以及水热稳定性。综上所述,NH_3-SCR 催化剂的结构改性效果主要表现在以下几个方面:①通过调节 Fe 物种分布,合成具有特定性能的 Fe 分子筛,如催化性能;②在不抑制反应物扩散的条件下,通过在 Fe 分子筛外部构建保护层,提高 SCR 反应中的抗毒害能力,如提高抗 C_3H_6/H_2O 性;③在活性 Fe 分子筛上发生顺序反应,有助于 NO 氧化为 NO_2,并通过快速 SCR 反应提高 NO_x 转化率;④通过发挥协同效应和界面效应,提高 NH_3-SCR 活性。

(2)Cu 交换分子筛催化剂

Cu 交换分子筛催化剂与 Fe 交换分子筛催化剂相比具有较好的低温活性(<300 ℃),但 Cu 交换分子筛催化剂的高温活性和水热稳定性仍不理想。因此,人们在探索 Cu 交换分子筛催化剂的制备方法方面做了大量的工作,从而调

控 Cu 物种的分散状态和水热稳定性。

　　与大孔分子筛相比,小孔分子筛如 Cu-SAPO-34 和 Cu-SSZ-13 因其在较宽温度范围内具有良好的 NH_3-SCR 活性、良好的水热稳定性以及不易因烃类抑制或热降解而失活,故受到越来越多的关注。Cu-SAPO-34 的 NH_3-SCR 活性和水热稳定性与框架内 Si 分布密切相关,Si 分布影响 Cu 物种的分布和状态。因此,合理的制备方法和合成条件对 Cu-SAPO-34 的制备至关重要。采用不同模板剂可以生成不同的 Si 配位结构,从而调节 Cu/SAPO-34 的酸性和 Cu 物种分布。如图 1.9 所示,Si 配位结构的不同并不影响 NH_3-SCR 的表观活化能,但与 NH_3 氧化的活化能密切相关。强酸性中心对 NH_3 的高温氧化有抑制作用。

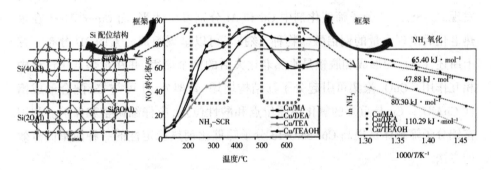

图 1.9　不同 Si 配位结构对 Cu/SAPO-34NH_3-SCR 活性和 NH_3 氧化表观活化能的影响

　　Cu-SSZ-13 催化剂在其六元环孔道中存在大量的孤立 Cu^{2+} 物种,经水热处理后其分子筛结构及活性组分仍保持较好。与 Cu-ZSM-5、Cu-Y 和 Cu-Beta 相比,采用离子交换法制备的 Cu-SSZ-13 具有更高的活性、N_2 选择性和水热稳定性。因此,Cu-SSZ-13 在柴油机 NO_x 排放控制方面具有广阔的应用前景。为了进一步提高 Cu-SSZ-13 的水热稳定性,人们对其制备方法进行了大量研究。Zhang 等人用六氟硅酸铵(AHFS)处理 Cu-SSZ-13,发现处理后的 Cu-SSZ-13 在 850 ℃ 水热老化后表现出较高的 NH_3-SCR 活性。水热处理后,改性 Cu-SSZ-13 的 CHA 结构保持较好,而未改性 Cu-SSZ-13 的 CHA 结构坍塌。Han 等人分别用微波法和动/静态水热法合成了 SSZ-13 分子筛。他们发现,采用微波法和动态水热法可以缩短结晶时间,两种方法合成的 Cu-SSZ-13 颗粒分散性好,形貌规则,离子交换容量好,NH_3/NO 吸附量大,具有较高的活性和水热稳定性。然而目前,SSZ-13 分子筛的合成需要昂贵的 TMAdaOH 作为结构导向剂,这限制了其应用。因此,有必要探索一条经济的 Cu-SSZ-13 的合成方法。

经研究发现,在 Cu-SSZ-13 分子筛催化剂中,Cu^{2+} 抑制了 SSZ-13 分子筛结构的脱铝作用,而过量的 Cu^{2+} 容易堆积形成 CuO_x 簇,导致长程有序结构坍塌。Ye 等人也报道了保留活性 Cu^{2+} 位点比保留布朗斯特酸位点更重要。这是因为布朗斯特酸位点只能存储 NH_3,而 Cu^{2+} 物种可以同时作为氧化还原活性位点和酸位点,并可以独立完成 NH_3-SCR 反应循环。除 CuO_x 外,研究人员还检测到了 $CuAlO_x$ 物种。Ma 等人发现 Cu 与骨架外 Al 结合产生的 CuAlO 是惰性的,而 CuO_x 物种仍然具有催化氧化能力。Schmidt 等人通过原子探针断层扫描技术,发现 Cu-SSZ-13 分子筛催化剂中 Cu 和 Al 分别发生团聚,而 Cu-ZSM-5 在水热老化后出现大量的铜铝酸盐物种,该技术可以呈现组成元素的 3D 分布。综上所述,CuO_x 的形成和脱铝是水热老化失活的两个原因,并在水热老化过程中相互作用。CuO_x 聚集可引起分子筛结构坍塌,骨架外 Al 可与 Cu 配合形成惰性 $CuAlO_x$。Cu 是重要的氧化还原位点和酸性位点,应仔细调整和保护。利用富铝分子筛载体是提高 Cu-SSZ-13 分子筛催化剂热稳定性的一种简单而有效的方法。

(3)其他离子交换分子筛催化剂

Lou 等人研究了煅烧温度对 Mn-ZSM-5 催化剂 NH_3-SCR 活性的影响。研究发现,在较低温度(<500 ℃)煅烧的催化剂,MnO_x 主要以 Mn_3O_4 和 MnO_2 的形式存在。经过 600 ℃煅烧的催化剂形成了 Mn_2O_3 物种,而经过 700 ℃煅烧的催化剂形成了主相,不利于催化反应。随着煅烧温度的升高,催化剂的表面 Mn 浓度和比表面积都有所降低。300 ℃煅烧的 Mn-ZSM-5 催化剂表现出最佳的活性,150~390 ℃范围内 NO 转化率高达 100%,这主要是由于催化剂表面含有丰富的 Mn_3O_4 和非晶 MnO_2 物种。掺杂 Zr 的 Mn-ZSM-5 催化剂在 230~415 ℃内的 NO_x 转化率超过 90%。结果表明,Zr 增强了 Mn 的分散性以及 ZSM-5 晶粒表面 Mn 的种类,使部分 Mn 离子进入 Zr 晶格。Mn 和 Zr 之间的强相互作用有助于在 Zr^{4+} 周围形成氧空位,提高氧化还原性能。Mn-Fe/ZSM-5 催化剂表现出优异的低温 NH_3-SCR 活性和 N_2 选择性,这主要是因为 MnO_2 分散性好以

及 NH_3 吸附容量大。除了 Mn 基分子筛催化剂外,Ce、V 和 Co 离子交换分子筛催化剂也被用于 NH_3-SCR 反应。据报道,Ce-ZSM-5 在 350~500 ℃ 范围内表现出 80% 以上的 NO_x 转化率。Mn-Ce/ZSM-5 催化剂在 244~550 ℃ 范围内 NO 转换率可达 75%~100%。

1.4　NH_3-SCR 催化剂的中毒机理

1.4.1　SO_2 和 H_2O

SO_2 和 NH_3 之间的反应会产生难以分解的沉淀物。沉淀物覆盖在活性位点表面并阻塞催化剂的孔道,会导致催化剂失活。Shi 等人在 350 ℃ 下,利用 SO_2 对 CeO_2 进行毒化,通过 XRD 确定了催化剂中毒主要是由于表面形成了 $Ce(SO_4)_2$ 和 $Ce_2(SO_4)_3$。Jin 等人发现,Mn-Ce 催化剂的 SO_2 中毒情况随温度而变化。Mn-Ce 催化剂的活性中心在 200 ℃ 时,被硫酸盐严重酸化,导致不可逆转的失活。Mn-Ce 催化剂在 100 ℃ 失活的主要原因是表面形成了 $(NH_4)_2SO_3$ 和 NH_4HSO_4 而覆盖活性中心。Theis 发现,Cu 基分子筛在低温下对硫更敏感。这可能是由于生成的硫酸盐黏附在催化剂表面,导致活性中心失活。Ma 等人证明,NO_x 和 SO_2 的竞争吸附存在于催化剂表面的活性部位,导致催化剂在低温下的活性降低。因此,SO_2 对不同 NH_3-SCR 催化剂的毒性作用包括以下几个方面:(1)SO_2 与 NH_3 反应生成 $(NH_4)_2SO_3$ 和 NH_4HSO_4,在低温下难以分解,沉积在催化剂表面,覆盖了催化剂的活性部位;(2)金属氧化物和分子筛的活性相都被 SO_2 硫酸化,形成稳定的硫酸盐,从而导致活性组分失活;(3)SO_2 和 NO_x 在催化剂的活性中心上竞争,导致 NO_x 转化率降低。

除了柴油燃烧产生的 $H_2O(g)$ 外,NH_3-SCR 过程中也会产生副产物 $H_2O(g)$,$H_2O(g)$ 会与 NH_3/NO_x 争夺活性位点或减少指前因子数量以增加反应活化能,导致催化剂活性降低。$H_2O(g)$ 对低温 NH_3-SCR 催化剂的作用通常是可逆的。Pan 等人观察到 $H_2O(g)$ 对 $MnO_x/MnO_x/MCNT$ 催化剂的影响随着温度的升高逐渐减小,当温度超过 270 ℃ 时,$H_2O(g)$ 对催化剂的影响可以忽略不计。然而,$H_2O(g)$ 通过解离、吸附和分解过程在催化剂表面形成额外的 OH,导致催化剂不可逆失活。受到 $H_2O(g)$ 的影响 OH 只能在高温(252~502 ℃)下去除,NH_3-SCR 催化剂在低温下难以再生。此外,当 $H_2O(g)$ 和 SO_2 共存时,催化剂失活更为严重,这是由于上述 $H_2O(g)$ 和 SO_2 的毒性产生了协同效应。

综上所述,SO_2 和 H_2O 对 NH_3-SCR 催化剂的毒性随温度的变化而变化。SO_2 对 NH_3-SCR 催化剂的毒性主要是由于 SO_2 与 NH_3 反应形成了 $(NH_4)_2SO_3$ 和 NH_4HSO_4,在低温(100~270 ℃)范围内覆盖催化剂的活性位点。H_2O 和 NH_3 具有竞争性吸附,当温度低于 270 ℃时,H_2O 还与 SO_3 形成 H_2SO_4,以促进 NH_4HSO_4 的形成。SO_2 对催化剂的影响在中等温度(270~470 ℃)范围内减弱,这主要是由于 NH_4HSO_4 在 300 ℃下分解。当温度超过 270 ℃时,可以忽略 H_2O 对催化剂的影响。

1.4.2　金属元素

金属杂质对 NH_3-SCR 活性的影响非常大。然而,越来越多的研究开始集中于生物柴油、尿素溶液和润滑剂中释放出的重金属或碱金属。金属杂质导致催化剂失活的主要原因是金属杂质堵塞了催化剂孔隙,破坏了催化剂载体结构,减小了催化剂的比表面积,然后金属杂质与催化剂的酸位点发生反应,导致催化剂的选择性降低。

过渡金属 Cu 和 Cr 的毒性主要通过增加 N_2O 排放来降低 NH_3-SCR 活性。Kern 等人研究了柴油机润滑油添加剂中金属和无机元素对 Fe 交换分子筛催化剂 NH_3-SCR 活性的影响。添加碱金属或碱土金属后的 Fe 交换分子筛催化剂失活也非常明显,这主要是由于游离的有毒物质堵塞孔道以及金属阳离子的负载导致微孔变窄。此外,碱金属还能降低催化剂的酸性和储氨能力。

催化剂碱金属中毒主要包括物理中毒和化学中毒,一般以化学中毒为主。目前,对催化剂有毒性作用的碱金属包括 K、Na、Ca、Mg、Li、Ba 等。其中,K、Na、Ca 和 Mg 是各种燃烧烟气中常见的元素。根据先前的结果,ⅠA 族中的元素(如 K 和 Na)通常比ⅡA 族中的元素(如 Ca 和 Mg)更具毒性。不同的 NH_3-SCR 催化剂通常具有不同的中毒机制,如图 1.10 所示。碱金属会减小催化剂的比表面积,破坏其表面的酸位点,并降低其反应性。Tarot 等人通过在 Cu-FER 催化剂上添加 Na,研究了 Na 对 Cu-FER 催化剂的毒性作用。结果表明,

Na 的加入显著减少了催化剂的酸量,使交换的 Cu 向外迁移,形成 CuO。随后,Tarot 等人还研究了 Na 和 P 对 Cu-FER 催化剂 NH_3-SCR 活性的影响。结果表明,Na 的加入会中和催化剂的酸位点,减少布朗斯特酸位点的数量,使 Cu^{2+} 的交换态迁移,最终形成 CuO。

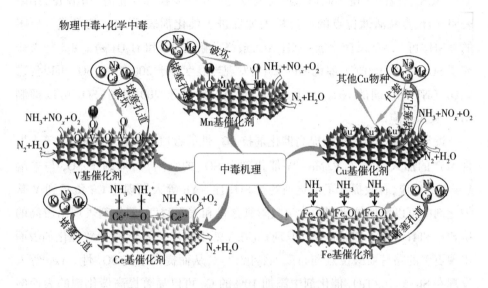

图 1. 10 NH_3-SCR 催化剂的中毒机制示意图

Lezcano-Gonzalez 等人也研究了 Cu/SSZ-13 催化剂的 P 中毒。结果表明,P 对 Cu/SSZ-13 催化剂具有较强的抑制作用,P 中毒主要表现在三个方面:P 会堵塞孔道;P 的存在会破坏原有的分子筛结构;P 会引起 Cu 的迁移并生成 CuO。此外,柴油车尾气中的碱金属主要以碱金属的硫酸盐、磷酸盐和碳酸盐的形式存在。

1.5 提高 NH_3-SCR 催化剂抗毒性的方法

1.5.1 提高抗 SO_2 性

由于传统的 V 基、Ti 基催化剂具有优异的性能,因此被广泛应用于脱硝领域。近年来的研究结果表明,SO_2 对催化剂的影响并不一定都是负面的。Xu 等人发现,在低温(250 ℃)下,SO_2 可以促进 NH_3-SCR 催化剂 V_2O_5-MoO_3/TiO_2 的脱硝过程。SO_2 的促进作用使催化剂表面稳定存在大量的硫酸盐,形成强布朗斯特酸位点,钒酸盐作为活性位点吸附和活化 NH_4,进一步生成—NH_2,作为 NH_3-SCR 反应的关键中间体。原位漫反射傅里叶变换红外光谱(DRIFTS)结果表明,酸位点和活性位点的分离极大地促进了催化剂表面 NH_2 的形成。更多的—NH_2 可与 NO 反应生成—NH_2NO,最终分解为 N_2 和 H_2O(g)。Bai 等人研究了 SO_2 对 V_2O_5/CNT 催化剂的影响,发现当温度高于 200 ℃时,SO_2 可以促进 V_2O_5/CNT 催化剂的 NH_3-SCR 反应,而当温度低于 200 ℃时,SO_2 可以抑制 NH_3-SCR 反应。

近年来,关于 Mo 掺杂提高催化剂抗 SO_2 性的报道越来越多。Kwon 等人发现 Mo^{6+} 的加入减小了 V/Mo-Ti 催化剂上 SO_2 的吸附量,抑制了 SO_2 与末端 V=O 的反应,有效提高了催化剂的抗 SO_2 性。Yu 等人发现将 Cu 负载到 V 基催化剂中可以增加催化剂的化学吸附氧含量和表面酸度,催化剂表现出较高的抗 SO_2 和 H_2O 性。Zhang 等人发现 Co 在 VW 中取代了部分 V,导致催化剂表面出现更多的路易斯酸位点和布朗斯特酸位点,从而提高了抗 SO_2 性。Lee 等人发现在 Sb-V_2O_5/TiO_2 催化剂中添加 10% 的 Ce 可以显著提高催化剂的表面酸度和氧化还原能力,同时减少硫酸盐的生成,从而有效提高催化剂的抗 SO_2 性。

与 V 基催化剂不同,Mn 基催化剂的 SO_2 中毒主要是活性 Mn 原子的硫酸盐作用,导致 Mn 基催化剂快速失活并且难以再生。近年来,研究人员试图通过元素掺杂(主要是 Ce、Sm、Eu 等稀土元素和 Fe、Co、Cr、Ni 等过渡金属元素)来增强 Mn 基催化剂对 SO_2 的低温耐受性。掺杂的元素主要通过优先与 SO_2 反应生成相应的硫酸盐,或者通过降低硫酸铵的稳定性来降低 SO_2 对 Mn 基催化剂的毒性。稀土元素对 Mn 基催化剂的低温耐 SO_2 性做出了巨大贡献,采用不同稀土元素对 Mn 基催化剂进行改性取得了许多成果,这些元素包括 Ce、Eu、Ho 和 Nd。France 等人将 Ce 掺杂到 $FeMnO_x$ 催化剂中。DRIFTS 结果表明,$FeMnO_x$ 对 SO_2 有明显的吸附作用,导致催化剂表面形成硫酸盐/亚硫酸盐和 NH_4HSO_4 中间产物 HSO_4^-,从而导致催化剂不可逆失活。Ce 的加入可以减少金属硫酸盐和硫酸铵的生成,防止堵塞孔道,提高催化剂的抗 SO_2 性。此外,Shen 等人使用 Ce-ZrO_2 作为载体来提高 Mn 基催化剂的抗 SO_2 和抗 H_2O 性。结果表明,

Mn/Ce-ZrO$_2$ 催化剂具有较好的锰氧化物分散性能。此外,Zr 的加入可以增大催化剂的比表面积,提高晶格氧迁移率和氧化还原能力。

CeO$_2$/TiO$_2$ 催化剂在中等温度范围内具有优异的催化活性,无毒且低成本的 Ce 基催化剂引起了广泛的关注和研究。众所周知,Ce 具有优异的储氧和释氧能力以及良好的氧化还原能力,这主要是由于氧空位的存在,并且 Ce 可以在 Ce^{3+} 和 Ce^{4+} 之间进行快速转换。但是,SO$_2$ 会导致 NH$_4$HSO$_4$、Ce(SO$_4$)$_2$ 和 Ce$_2$(SO$_4$)$_3$ 的形成,NH$_4$HSO$_4$ 的存在将阻挡活性位点并降低催化活性。Ce(SO$_4$)$_2$ 和 Ce$_2$(SO$_4$)$_3$ 的存在可抑制硝酸盐的形成和吸附,并破坏 Ce^{3+}/Ce^{4+} 的氧化还原循环,导致催化剂失活。Ma 等人通过浸渍法制备了 Nb-Ce/WO$_x$-TiO$_2$ 催化剂。Nb-Ce/WO$_x$-TiO$_2$ 催化剂在 200~500 ℃ 的温度范围内具有较高的 NO$_x$ 转化率。此外,该催化剂具有在高温下再生 SO$_2$ 的能力,并且对碱金属具有一定的抗中毒能力。Cao 等人使用溶胶-凝胶法制备了 CeO$_2$/WO$_3$-TiO$_2$ 和 Nb$_2$O$_5$-CeO$_2$/WO$_3$-TiO$_2$ 催化剂。热重(TG)和质谱(MS)结果表明,在催化剂表面形成的硫酸盐较少,主要以 NH$_4$HSO$_4$ 的形式存在。NH$_3$ 程序升温脱附(TPD)结果表明,掺杂 Nb 可以有效减少 SO$_2$ 的吸附和 SO$_3$ 的形成。此外,他们还分析了不同催化剂的 SO$_2$ 反应机理。SO$_2$ 与 NO 竞争活性位点,导致 NO 在 CeWTi 上的吸附被抑制,SO$_2$ 也将与 Ce 反应生成 Ce$_2$(SO$_4$)$_3$ 和 Ce(SO$_4$)$_2$。金属硫酸盐的形成和沉积会减少催化剂表面的活性位点数量,从而抑制催化剂的活性。在催化剂上掺杂 Nb 会减少金属硫酸盐的形成。SO$_2$ 和 NH$_4^+$ 将生成 NH$_4$HSO$_4$ 并沉积在 Nb 改性催化剂的活性位点上。NH$_4$HSO$_4$ 可用作还原剂,在停止通入 SO$_2$ 后,NH$_4$HSO$_4$ 会被消耗。Liu 等人通过柠檬酸法制备的 Ce-Sb 二元氧化物催化剂在较宽的温度范围内表现出较高的 NH$_3$-SCR 活性,Sb 可以增强催化剂表面的酸度,促进氨的吸附和活化,这有助于提高抗 SO$_2$ 性和活性。如图 1.11 所示,与纯 SbO$_x$ 和 CeO$_x$ 相比,在 Sb-Ce 催化剂上可以观察到 NH$_3$ 脱附峰强度显著增强,催化剂的表面酸性增强,有助于提高 NH$_3$-SCR 活性。添加 Sb 会增加催化剂中活性氧的含量;SO$_2$ 将优先与 Sb 周围的活性氧结合,形成有序的硫酸盐基团,然后抑制活性位点(Ce-O-Zr 或 Ce-O-Ce)与 SO$_2$ 反应。实验数据表明,当 Sb 与 Ce 的含量比为 1 时,催化剂的活性和抗 SO$_2$ 性最好。

总结以上研究成果,可以从以下几个方面考虑提高抗 SO$_2$ 性的方法。

①减少 SO$_2$ 在催化剂表面的吸附,可有效减少活性物质的硫酸盐化和含硫

物质对活性位点的覆盖。通过掺杂 Mo、Ce、Eu、Fe 等元素可以减少 SO_2 在催化剂表面上的吸附，从而提高催化剂的抗 SO_2 性。

②提高催化剂的氧化还原能力和表面酸度，可以提高对 NH_3 的吸附和活化能力，减少 NH_3 与 SO_2 之间的反应。促进 NO 和活性 NH_3 吸附物质之间的直接反应可以减少硫酸铵在催化剂表面的形成，并减少催化剂孔道的堵塞。综上所述，Sb、Co、Mo、W、Ta 和 Ni 等元素显示出增加催化剂的氧化还原能力和表面酸度的潜力。

③诱导 SO_2 与其他组分（如 Cu 和 Sb）反应形成稳定的硫酸盐，可以保护活性组分不受 SO_2 的影响。

④选择合适的催化剂载体（如 TiO_2）可以降低催化剂表面硫酸盐的稳定性，减少催化剂表面形成稳定的硫酸盐，进而可以降低催化剂对活性位点的覆盖率。

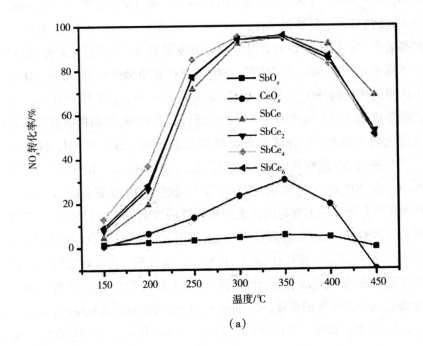

（a）

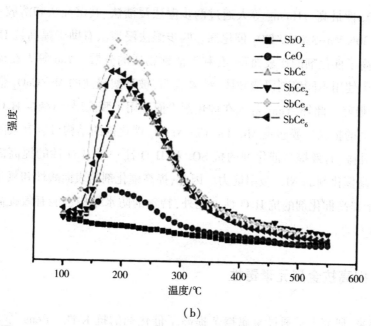

（b）

图 1.11 SbO_x、CeO_x 和 $SbCe_x$ 催化剂的 NO_x 转化率（a）和 NH_3-TPD（b）曲线

1.5.2 提高抗 H_2O 性

目前，元素掺杂是提高抗 H_2O 性的重要方法之一。CeO_2 由于其优异的储氧能力，常被用作催化剂添加剂，可增强催化剂的活性和抗 H_2O 性。Chen 等人设计并合成了一种 Fe-ZSM-5 被 CeO_2 覆盖的新型催化剂。分层结构将减少活性位点的迁移和催化剂的烧结，从而提高抗 H_2O 性。多种金属掺杂可以同时提高催化剂的抗 SO_2 和 H_2O 性。Zhang 等人合成了 Ni-Ce-La 复合氧化物纳米晶催化剂。La 掺杂能促进晶胞的膨胀，有利于晶格缺陷的形成，提高催化剂中晶格氧的迁移率。Ni 掺杂还可以增加催化剂表面的酸度，形成新的 Lewis 酸位点，促进催化剂吸附 NH_3 的能力，并有效提高抗 H_2O 性。

此外，不同的制备方法对催化剂的性能也有较大的影响。Gao 等人采用一步溶胶-凝胶法、浸渍法和共沉淀法制备了 CeO_2/TiO_2 催化剂，并研究了不同制备方法对催化剂性能的影响。结果表明，一步溶胶-凝胶法制备的催化剂抗

H_2O 和 SO_2 性最高。Huang 等人通过两步湿法浸渍法、共沉淀法和溶胶-凝胶法制备了 $30\%Mn-3\%Nd/TiO_2$ 催化剂。两步湿法浸渍法有助于提高抗 H_2O 性是由于提高了催化剂的比表面积,有利于活性物质的分散。Yao 等人在催化剂制备过程中使用不同溶剂浸渍载体,结果表明,被草酸浸渍的 Mn/CeO_2 催化剂抗 H_2O 性最好。此外,Yang 等人在催化剂表面使用了膜涂层,以减少 H_2O 等物质对催化剂的损伤。膜包覆 $Mn-La-Ce-Ni-O_x$ 催化剂的结构可以有效阻止硫铵盐进入孔隙,有效提高催化剂的抗 SO_2 和 H_2O 性。耐 H_2O 性的提高需要在低温下提高催化剂的 NH_3 吸附能力。因此,提高催化剂的表面酸性和氧化还原性,有利于提高催化剂的抗 H_2O 性。此外,特殊的防水结构也能有效提高催化剂的抗 H_2O 性。

1.5.3　提高抗金属元素毒性

近年来,研究人员通过金属掺杂提高了催化剂的抗 K 性。Peng 等人使用 CeO_2 改性 MnO_x/TiO_2 催化剂以增强其抗 K 性。结果表明,Ce 几乎不受 K 的影响。Ce 的存在导致 K 原子在催化剂表面重新分布,因此暴露出更多的活性位点。Li 等人将 P 掺杂到 Ce/TiO_2 催化剂中,进一步研究了 P 对 Ce/TiO_2 耐碱金属性能的影响。结果表明,$P-Ce/TiO_2$ 催化剂具有很高的活性和优良的抗 K 性。P 的掺杂会产生更多的酸位点,从而提高催化剂对 NH_3 的吸附性能。同时,P 的掺杂也会促进 NO 在催化剂上的氧化,有利于发生 L-H 路径反应。Gao 等人制备了一种以硫酸氧化锆为载体的新型 CeO_2 催化剂,发现 $CeO_2/SO_4^{2-}-ZrO_2$ 具有更高的耐碱性能。NH_3-TPD 结果表明,经过硫酸盐处理,催化剂表面酸性有效增强,有助于提高催化剂的耐碱性能。Yu 等人研究了不同浸渍方式对催化剂抗 K 性的影响。分别采用湿法浸渍法和干法浸渍法对 $V_2O_5-WO_3/TiO_2$ 催化剂进行预处理。湿法浸渍法制得的 $V_2O_5-WO_3/TiO_2$ 催化剂抗 K 性较好,加入 K 后活性较高,这是由于分离出来的 V 更容易与 K 结合形成惰性物质。湿法浸渍法制备的 $V_2O_5-WO_3/TiO_2$ 催化剂中聚合物的形成会增加表面酸性,促进 NH_3 的活化,有利于提高催化剂的活性和抗 K 性。因此,Ni、Co、Ce 和 P 可以增加催化剂的表面酸性或减少活性位点上 K 的覆盖率,从而增强催化剂的抗 K 性。不同的催化剂用量和催化剂制备方法也会影响催化剂的抗 K 性。

　　Na 主要来源于生物质柴油和尿素溶液,会减弱催化剂的表面酸性,导致催化剂活性下降。Hu 等人通过浸渍法制备了 CeO_2-V_2O_5-WO_3/TiO_2 催化剂,研究了 Ce 对催化剂抗 Na 性的影响机理。在 Na 存在的条件下,10% CeO_2-V_2O_5-WO_3/TiO_2 催化剂的 NO_x 转化率在 300~450 ℃ 范围内可达 80% 以上。XPS 结果表明,Ce 的掺杂增加了催化剂表面化学吸附氧的含量。此外,DRIFTS 结果表明,Ce^{3+}-NH_4^+ 会形成更多的布朗斯特酸位点,可以有效提高催化剂的抗 Na 性。

　　通常,催化剂表面的吸附能力和表面酸度可以通过掺杂特定元素来增强,以提高催化剂的抗碱金属中毒能力。此外,由于在实际的发动机废气中存在多种碱金属,单个金属掺杂的催化剂不再能够满足实际的废气后处理系统的需要。因此,目前采用多金属掺杂技术来提高催化剂对各种碱金属的抗中毒能力。多金属掺杂可以有效增加催化剂中酸性位点的数量,保护催化剂免受碱金属的影响。

1.6　密度泛函理论研究 NH_3-SCR 反应机理

　　催化剂的微观形态、晶相结构和元素组成都可以通过物理和化学表征来说明。结合实验测试结果,可以明确催化剂中的活性组分、NH_3-SCR 反应路径和反应机理。这些研究成果无疑为新一代催化剂的设计和开发提供了巨大的参考价值和理论基础。除实验方法外,分子模拟的理论计算方法,特别是密度泛函理论(DFT)也广泛应用于 NH_3-SCR 催化剂的研究。一方面,理论计算可以作为实验研究的补充,与实验结果相互验证,提高实验的可信度。随着量子化学的发展,DFT 已广泛应用于各种分子和原子系统中,以分析物理和化学性质,然后获得化学反应性、催化活性、光物理性质和 NMR 光谱的信息。另一方面,分子模拟的理论计算结果可以很好地解释实验现象,预测特定材料的性质,从微观尺度揭示催化剂表面特性对反应过程的影响以及 NH_3-SCR 反应的机理,这加速了新理论成果的诞生。作为实验研究的补充,该领域的分子模拟方法在催化剂的氧化、失活和改性研究中取得了良好的效果。

1.6.1　表面吸附

　　NH_3-SCR 属于气固多相反应,吸附过程是反应的关键步骤,因此研究气体分子在催化剂表面的吸附过程有助于理解催化剂的催化活性和反应机理。实验方法和量子化学方法可用于研究 NH_3-SCR 反应的吸附过程。通过 DFT 获得的键长、键角和能量信息通常可用于验证光谱分析、TPD、TPR 和反应动力学的结果。基于不同的研究视角和方法,我们可以从多个方面接近反应的本质。

在 NH_3-SCR 反应过程中,所涉及的气体主要是 NH_3、NO_x 和 O_2 等。当催化剂处于不同的气氛中时,气体的吸附条件往往不同。关注一种特定气体的吸附过程,并进一步研究两种或多种气体的共吸附,可以获得气体分子与催化剂之间相互作用的关键信息,从而为后续整个反应的研究提供基础。通过计算晶胞或原子团簇的模型,可以获得吸附过程的信息,进而推断吸附位置、吸附强度和吸附过程中产生的中间物种。

通过计算 NO 在催化剂表面的吸附量,我们可以获得关于催化剂表面特性的大量信息。Kornelak 等人研究了具有 Mo 缺陷的 V_2O_5 和 V_2O_5 还原表面上的 NO 吸附。在全电子计算中,所有原子都使用具有极化函数的双 Zeta 价基组(DZVP)。研究发现,NO 在还原团簇表面的吸附具有更大的吸附能,但用 Mo 原子取代 V 原子形成的缺陷结构对 NO 的表面吸附几乎没有影响,即这种取代不会增强或削弱 NO 的吸附能力。该研究在一定程度上解释了 NO 在 V 基催化剂表面的吸附特性。对于 Mn 基催化剂表面的 NO 吸附,Fang 等人在 TiO_2 负载的 $CuMn_2O_4$ 和 $NiMn_2O_3$ 催化剂上进行了 NO 的吸附和活化,并系统地计算了 $CuMn_2O_4$ 和 $NiMn_2O_4$ 在(311)晶面和(111)晶面上的吸附量。N 原子的孤对电子与 Mn 原子成键。吸附的 NO 键的键长略大于游离的 NO 键,并且 NO 在 $CuMn_2O_4$(311)晶面和 $NiMn_2O_4$(311)晶面上的吸附能分别为 1.73 eV 和 1.85 eV。也就是说,NO 在(111)晶面和(311)晶面上的吸附明显不同。在 Ni-Mn/TiO_2 上吸附的 NO 量大于在 Cu-Mn/TiO_2 上的 NO 量,这与实验观察到的现象一致。计算表明,吸附与晶面取向和元素组成有很大关系。这不仅与吸附表面本身的性质有关,NO 在其他氧化物催化剂(如 MgO 和 γ-Al_2O_3)表面的吸附也会受到大气成分的影响。例如,H_2 将促进低温下 NO_x 的吸附,C_3H_6 将阻碍 NO_x 的吸收,而 NH_3 通常对 NO_x 吸附没有影响。

除了研究 NO 在催化剂表面的吸附,Fang 等人还研究了 TiO_2 负载的 $CuMn_2O_4$ 和 $NiMn_2O_4$ 催化剂上 NH_3 的吸附和活化。将 NO 的吸附模型与 NH_3 的吸附模型进行了比较,发现 NO 的吸附强于 NH_3,并且它们的优选吸附位点不同。态密度分析表明,吸附可以降低被吸附物质的能量,即吸附过程可能是自发的。NH_3 在催化剂表面的吸附与随后的 NH_3-SCR 反应密切相关。Anstrom 等人从实验中获得了 V_2O_5 晶体结构参数,然后建立了 V_4 团簇模型,该模型选择了四个 V 原子的 $V_2O_5(010)$ 晶面,以及直接连接所有 O 原子的键合,最后使用 H 原子饱和。以 NH_3 分子作为探针,研究结构优化后的吸附过程。通过计算发现 NH_3 的稳定吸附发生在两个 V=O 键之间,形成 NH_4 物种。然后,NO 也吸附在表面并与 NH_3 分子结合。两个 N 原子结合形成中间物种 NH_3NHO。然后,NH_3NHO 分解两个 H 原子,生成关键的中间产物 NH_2NO。最后,NH_2NO 分解成 N_2 和 H_2O,完成脱氮过程。钒氧化物簇的还原是通过 H 原子从催化剂表面转移到 NH_2NO 物种来实现的。DFT 在研究原子迁移和关键化学键的形成和断裂方面发挥了关键作用,然后我们可以找到 NH_3-SCR 反应机理的过渡态和关键中间物种。最后,我们将确定反应的速率决定步骤,并形成完整的氧化还原反应循环。

当实际的 NH_3-SCR 反应发生时,吸附的气体远远不止一种,并且共吸附的特性随催化剂的不同而变化很大。这里,主要关注 NH_3-SCR 反应过程中 NH_3 和 NO_x 的共吸附,以 Mn 基催化剂的共吸附为例。Xiang 等人使用 Materials Studio(MS)DMol3 模块计算了负载在 γ-Al_2O_3 上的 MnO_2 和 Mn_2O_3 催化剂的吸附特性。结果表明,NO 可以实现稳定的吸附,在两者上形成亚硝酸盐或亚硝酰物种。当负载 MnO_2 时,NH_3 以配体的形式吸附在 Al 原子和 Mn 原子位点上。当负载 Mn_2O_3 时,NH_3 也以配体的形式吸附,但它也可能在 Mn_2O_3 的相邻位置和载体表面解离成 H 和—NH_2 基团。Zhang 等人通过 DFT 研究了 NO 和 NH_3 分子在 Mn_3O_4/TiO_2 表面的吸附机理。选择 TiO_2 超晶格层结构作为载体,Mn_3O_4 晶体单元的重复单元作为活性组分,使用具有极化函数和函数数值基础的 PW91 计算相关参数,如吸附量、键长和局域态密度。NO_x 首先吸附在 Mn 末端形成硝酸盐,NH_3 更容易吸附在布朗斯特酸位点上。当 NH_3 和 H_2O 分子同时存在时,会形成 NH_4^+,这是由于 H_2O 在催化剂表面的吸附和解离是羟基的主要来源,表明 L-H 机制起主要作用。当 NH_3 和 NO 吸附在 $CuAl_2O_4$ 的(100)晶面上时,Cu^{2+} 是最理想的吸附位点,NO 比 NH_3 更容易吸附。在 Fe^+-SSZ-13 分子筛中,H_2O、OH 和 O 在六元环和八元环的 Fe 位点上的吸附状态基本相似,OH 基团可以促进 NO 在八元环 Fe^{2+} 位点上的吸附,但对 Fe^{3+} 没有作用。Cu 分

子筛八元环中的 Cu^+ 会在 NH_3 和 H_2O 的共吸附过程中迁移,其配位数和配体受温度和气体环境的影响。在 NH_3-SCR 条件的实验温度和压力域中,NH_3 和 H_2O 在 Cu^I 上的共吸附的配位数为 2,如图 1.12 所示。

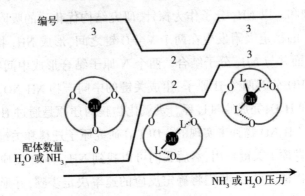

图 1.12 不同 NH_3 和 H_2O 压力及温度下参与 NH_3-SCR 反应的
SSZ-13 分子筛中单核 Cu^I 的构型图

利用 DFT 获得吸附过程的结构和能量信息,计算特定吸附结构的振动信息可以验证实验结果。与实验方法不同,DFT 计算可以在原子水平上揭示反应的微观机制,这是仅靠实验方法无法获得的。通过实验方法计算反应吸附能和确定吸附位点的特征信息也很困难。上述研究中的所有理论计算结果与实验结果相互吻合,这进一步证明了使用 DFT 计算方法研究 NH_3-SCR 反应机理的可行性。

1.6.2 活性位点和反应机理

由于原子级动力学和瞬态实验的限制,NH_3-SCR 反应机理中的一些问题尚未得到合理解释,例如 NO 是如何活化的以及什么是关键反应中间体和相应的反应途径。NH_3-SCR 中有许多基元反应,这使得反应机理变得复杂,无法通过实验方法来有效区分。结合理论计算,可以计算出各种反应物、过渡态和产物的能量以获得最可能的反应路径。因此,DFT 通常用于研究活性位点、反应物的吸附行为以及探索金属基分子筛催化剂在 NH_3-SCR 中的反应路径。

由于 NH_3-SCR 反应主要发生在分子筛中的金属活性位点上,因此确定活性金属物种的最佳位置是 DFT 的首要任务。基于 HSE06 能带理论,Mao 等人计算了 SAPO-34 中五种离子交换位点上 Cu^{2+} 的结合能,发现位于 6MR 平面或稍微偏离中心位置的 Cu^{2+} 具有最低的结合能。这表明 6MR 平面或稍微偏离中心位置的 SAPO-34 中 Cu^{2+} 是最稳定的交换位点。进一步的研究表明,那些与 6MR 上的四个 O 原子平均配位距离为 2.08 Å 的稳定的 Cu^{2+} 物种也是 NH_3-SCR 中 Cu/CHA 分子筛的主要活性位点。Deka 等人通过第一原理 DFT 获得了 Cu/SSZ-13 催化剂上不同离子交换位点处 Cu^{2+} 的配位键长和角度参数,并发现位于 CHA 结构的 6MR 平面的 Cu^{2+} 更稳定,与原位 EXAFS 实验结果一致,如图 1.13(a)所示。此外,在标准 NH_3-SCR 条件下,NH_3 可以在 125 ℃ 下与 Cu^{2+} 结合,这导致活性金属位点的局部结构从方形平面排列变化为扭曲的四面体结构,如图 1.13(b)所示;然而,这种变化在较高温度(>250 ℃)下是可逆的,如图 1.13(c)所示,Cu^{2+} 周围化学键的键长和键角可能略有变化,表明这些金属位点在 NH_3-SCR 的反应条件下是具有活性的。

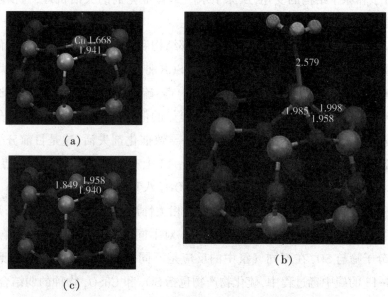

图 1.13　Cu/SSZ-13 催化剂上 6MR Cu 环境的变化

总之,由于 NH_3-SCR 反应的复杂性和缺乏原子水平的原位实验,DFT 成为研究金属基分子筛催化剂上 NH_3-SCR 反应机理的有效方法。通过计算分子筛不同离子交换位点中金属物种的结合能并比较不同活性金属位点的稳定性,可以确定金属活性位点的最可能位置和相应的化学环境。根据分子筛中活性金属位点化学键(键长、键角和键能)的变化,可以得到不同反应条件下活性金属离子的局部环境。同时,通过计算反应物分子在催化剂上的吸附能和各个步骤的活化能,可以推测出 NH_3-SCR 中反应物的反应路径。通过合理设计反应路径并计算不同反应中间体的形成能垒,可以找到最佳反应中间体和具有最低活化能垒的相应反应路径,这有利于预测最可能的 NH_3-SCR 反应机理。

1.6.3　中毒机理

中毒是催化剂失活的重要原因,探索中毒机理是 NH_3-SCR 研究领域中的一个重要课题。通过 DFT 对催化剂中毒过程的研究,可以揭示中毒过程中催化剂分子和原子结构的变化,从原子水平解释催化剂的失活机理,为预防催化剂中毒和提高催化剂性能提供理论指导。

硫中毒会极大地破坏催化剂的内部结构和性能,并且由此引起的催化剂失活通常是不可逆的。硫中毒也是 NH_3-SCR 催化剂最常见的中毒现象。V 基催化剂或新型分子筛催化剂可能存在硫中毒,硫中毒也会对整个 NH_3-SCR 的性能产生不利影响。分子筛催化剂具有良好的催化性能和水热稳定性,然而,SO_2 容易与分子筛上的活性位点相互作用,导致催化剂失活,这是目前分子筛催化剂需要改进的一个重要问题。Cu-SSZ-13 上有两种典型的活性位点,它们是 Z_2Cu(六元环含有两个 Al 原子)和 ZCuOH(八元环含有一个 Al 原子)。两个位点的外观受 Si/Al 的影响很大,它们的相关性质也不同。SO_2 对分子筛催化剂的性能有很大影响,并且很难再生,SO_2 对不同的 Cu 活性位点的影响也不同。Cu 分子筛与 SO_2 在不同气氛中的反应是不同的。Wijayanti 等人发现,在 Cu-SSZ-13 的硫中毒过程中,硫化物产物包括 SO_2 和 $CuSO_4$ 物种的弱结合,H_2O 的存在会促进硫化物的形成,NH_3 的存在导致硫酸铵的形成,这是硫中毒的宏观机理。但硫中毒的微观过程也需要被关注,包括 Cu 位点的失活变化、失活程度等。这些信息在整个硫中毒机理的形成中起着关键作用,对提高分子筛催化剂

的抗 SO_2 性具有重要意义。DFT 用于构建理想的 Cu 活性位点,并模拟其与 SO_2 的反应过程,为研究硫中毒机理提供了有效途径。

与硫中毒不同,碱金属中毒和碱土金属中毒更容易发生在氧化物催化剂上。DFT 表明,碱金属和布朗斯特酸位点的中和放热大于 NH_3 的吸附放热,因此碱金属很容易与催化剂表面上的布朗斯特酸反应。布朗斯特酸位点的数量减少,酸度降低,因此 NH_3 的吸附能力也大大降低。同时,它也影响了催化剂的还原性能。这是 V 基氧化物催化剂碱金属中毒的主要原因。事实上,NH_3-SCR 催化剂的碱金属中毒机理并不简单。例如,对于低温 Mn/TiO_2 催化剂,由于碱金属 K、Na 和碱土金属 Ca 的影响不同,K 的失活程度也不相同。一方面,K 离子的沉积将减小催化剂的比表面积和孔体积。另一方面,它会削弱 NH_3 在路易斯酸位点上的吸附,路易斯酸是氧化物催化剂上的主要活性位点。路易斯酸位点活性的降低直接导致催化剂性能的降低,这已通过 DFT 得到证实。为了研究碱金属诱导的 V_2O_5-WO_3/TiO_2 催化剂的失活机理,Peng 等人使用 K 原子作为探针定位在催化剂表面,分别建立了 TiO_2 和 V_2O_5/TiO_2,并通过计算态密度来比较 WO_3/TiO_2 的表面模型,以获得电子结构和还原性能的优化模型,PDOS 分析如图 1.14 所示。根据价带顶部和导带底部形成的带隙,掺杂 K 元素后,$V_2O_5/$ TiO_2 的带隙明显加宽,而 WO_3/TiO_2 的能隙基本保持不变。结果表明,碱金属原子主要影响活性中心的 V 物种,但对 W 的氧化物影响不大。因此,通过改性掺杂的 CeO_2 来降低 V 的含量,可以提高 V_2O_5-WO_3/TiO_2 的抗碱金属中毒能力。

以上研究表明,DFT 有助于我们更好地掌握催化剂碱金属中毒前后活性中心的能态密度、电子结构和电荷密度等微观信息的变化,这将为催化剂的开发和改进提供新的思路。总之,在催化剂中毒机理研究方面,无论是分子筛的硫中毒还是氧化物的碱金属中毒,DFT 都是一种研究中毒机理的有效方法。

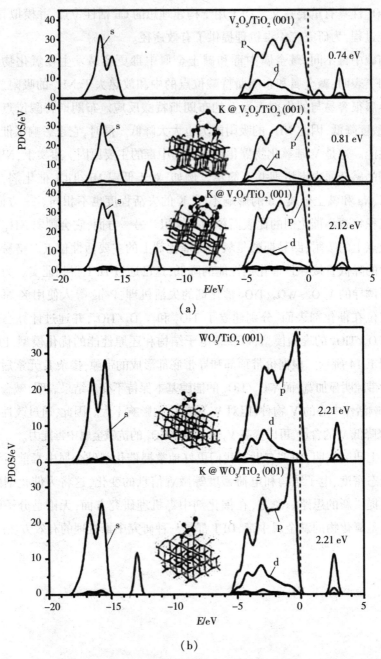

图 1.14　(a) 在 V₂O₅/TiO₂(001) 晶面模型上未掺杂以及掺杂 K 的 PDOS 图；

(b) 在 WO₃/TiO₂(001) 晶面模型上未掺杂以及掺杂 K 的 PDOS 图

第2章 材料的制备与表征

2.1 主要原料与试剂

实验中所使用的原料与主要试剂如表 2.1 所示。

表 2.1 原料与主要试剂

原料与试剂	级别
四乙烯五胺 TEPA	分析纯
四丙基氢氧化铵 TPAOH	25%
聚环氧乙烷-聚环氧丙烷-聚环氧乙烷三嵌段共聚物 P123	分析纯
异丙醇铝 $C_9H_{21}AlO_3$	分析纯
硝酸铵 NH_4NO_3	分析纯
氟化钠 NaF	分析纯
正硅酸乙酯 TEOS	分析纯
钛酸四丁酯 TBOT	分析纯
二乙胺 DEA	分析纯
硫酸铝 $Al_2(SO_4)_3 \cdot 18H_2O$	分析纯
磷酸 H_3PO_4	85%

续表

原料与试剂	级别
纤维素粉	分析纯
硝酸铜 $Cu(NO_3)_2 \cdot 3H_2O$	分析纯
硝酸铈 $Ce(NO_3)_3 \cdot 6H_2O$	分析纯
硝酸锰 $Mn(NO_3)_2 \cdot 4H_2O$	分析纯
硝酸铁 $Fe(NO_3)_3 \cdot 9H_2O$	分析纯
尿素 $(NH_2)_2CO$	分析纯
二氧化钛 P25	分析纯
碳纳米管 CNT	97%

2.2　表征方法和测试仪器

2.2.1　X 射线粉末衍射(XRD)表征

样品 XRD 分析采用 X 射线衍射仪,Cu Kα 靶($\lambda = 0.15418$ nm),管电压为 30 kV,管电流为 40 mA。

2.2.2　比表面积和孔体积(BET)测定

在吸附仪上测定比表面积和孔体积。测定前样品在 300 ℃脱气 3 h,在液氮温度(-196 ℃)下进行吸附,N_2 为吸附质。比表面积在 p/p_0 为 0.05~0.20 之间计算,样品的微孔孔容与微孔/介孔比表面积运用 t-plot 方法计算,总孔容在 p/p_0 为 0.99 时得到。

2.2.3　热重–差热分析(TG–DTA)

使用热重差热分析仪进行热重–差热分析,室温开始以 10 ℃·min^{-1} 的升温速率程序升温至 900 ℃,样品质量一般为 5~10 mg。

2.2.4　电镜(SEM、TEM)表征

使用扫描电子显微镜和透射电子显微镜观察样品的形貌、粒度和孔结构,操作电压为 20 kV。

2.2.5　X 射线光电子能谱(XPS)分析

为了探测样品表面的化学组成和各元素的化学状态,使用 X 射线光电子能谱仪对样品进行了 XPS 分析。激发光源为 Al 靶 Kα 射线源,结合能以 C 1s 峰(284.8 eV)为基准进行校正。

2.2.6　程序升温脱附(TPD)分析

将 50 mg 样品置于石英反应管中,在 Ar 气流(30 mL·min^{-1})中,以 10 ℃·min^{-1} 的升温速率升温至 500 ℃,继续处理样品 60 min,然后冷却至 100 ℃。100 ℃下吸附 30 min NH$_3$,用 Ar 吹扫 60 min,待基线平稳后进行脱附,在 N$_2$ 气流(30 mL·min^{-1})中以 10 ℃·min^{-1} 的升温速率进行脱附,记录 NH$_3$ 脱附曲线。

2.2.7　氢气程序升温还原(H$_2$–TPR)分析

将 0.1 g 样品在 Ar 中 400 ℃预处理 1 h,然后冷却至 40 ℃。在 10% H$_2$/Ar 气流中以 10 ℃·min^{-1} 升温速率进行还原,记录还原曲线。

2.2.8 电感耦合等离子体(ICP)分析

为了确定体系中金属元素的准确浓度,进而计算出实际的金属负载量,在电感耦合等离子发射光谱仪上对样品进行分析。

2.2.9 热重-红外(TG-FTIR)分析

TG-FTIR 测试系统由热重分析仪和傅里叶变换红外光谱仪组成。未煅烧的催化剂在 N_2 中以 10 ℃ · min^{-1} 的升温速率从室温加热至 800 ℃。

2.2.10 反应评价

催化剂的 NH_3-SCR 活性评价在常压下进行,将 0.3 g 催化剂装填在石英管固定床反应器中。原料气的组成为 0.0005% NO、0.0005% NH_3、0.0001% SO_2(脱硫测试用)、5% O_2,N_2 为平衡气。气体总流速为 100 mL · min^{-1},空速(SV)为 20000 mL · g^{-1} · h^{-1}。稳定 50 min,待 NO、NH_3 浓度不变时,利用烟气分析仪采集 NO 和 NO_x 的浓度数据。测试温度范围为 100 ~ 450 ℃,采集温度间隔为 50 ℃。

第3章　Cu-Ce 共掺介孔 ZSM-5 的合成及其 NH$_3$-SCR 性能研究

3.1　引言

NH$_3$-SCR 是去除 NO$_x$ 最有效的技术。金属离子交换的微孔分子筛因其具有高催化活性、宽温度窗口以及较高的热稳定性而备受关注。

1986 年，Cu/ZSM-5 分子筛催化剂用于分解 NO$_x$ 并表现出较强的催化性能。自此，研究人员开展了大量的工作来改善 Cu 基分子筛催化剂的 NH$_3$-SCR 性能。由于 CeO$_2$ 具有较高的储氧能力、优异的氧化还原性能以及与其他金属的强相互作用，将其引入 Cu/ZSM-5 中可以提高催化剂的活性和水热稳定性。此外，分子筛的微孔结构存在扩散受限、分散性差、无法进入催化活性中心等问题。介孔的引入可以改变分子筛的结构，提高催化效率。与传统的微孔分子筛相比，介孔分子筛表现出更高的低温催化活性和长程稳定性。

近年来，Cu 和 Ce 改性 ZSM-5 沸石分子筛由于在 NH$_3$-SCR 反应中表现出良好的催化性能，因而引起了人们的广泛关注。纳米尺寸的 Cu、Ce 改性 ZSM-5 纳米分子筛催化剂有益于 NH$_3$-SCR 催化过程。本章以尿素为添加剂，采用一锅水热晶化法制备出具有介孔结构的自组装纳米晶 ZSM-5 分子筛。采用离子交换法将 Cu 和 Ce 负载到介孔 ZSM-5 分子筛上。在 NH$_3$-SCR 反应中，与常规 ZSM-5 和 SBA-15 分子筛相比，Cu-Ce 共掺介孔 ZSM-5 分子筛具有更好的催化活性。图 3.1 为 Cu-Ce 共掺介孔 ZSM-5 的合成示意图。

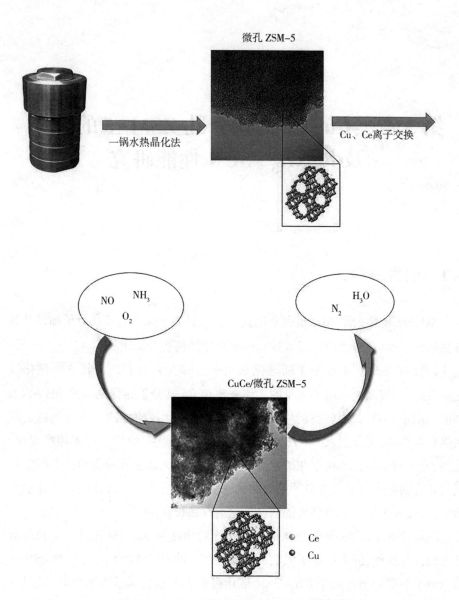

图 3.1　Cu-Ce 共掺介孔 ZSM-5 的合成示意图

3.2　实验部分

3.2.1　Cu-Ce/MZ 分子筛的制备

将 0.28 g Al$_2$(SO$_4$)$_3$·18H$_2$O 和 6.25 mL 浓度为 25% 的 TPAOH 混合,再与 3.75 mL 水混合,并搅拌至澄清。再加入 5 mL TEOS 室温下搅拌 6 h,至充分水解。将 0.01 g NaF 加入到混合液中继续搅拌 0.5 h,ZSM-5 前驱体溶液的组成为:Al$_2$O$_3$∶SiO$_2$∶TPAOH∶NaF∶H$_2$O = 1∶50∶8∶0.42∶1500。将 0.165 g 尿素溶解于 15 mL 水中,并加入到 ZSM-5 前驱体溶液中搅拌 30 min,将得到的溶胶装釜晶化,100 ℃晶化 48 h。将得到的沉淀物经过水洗、过滤、干燥,550 ℃煅烧 6 h 得到 Na/MZ。

将 Na/MZ 在 80 ℃水浴中用 1 mol·L^{-1} 的 NH$_4$NO$_3$ 溶液交换 3 次,每次 6 h,然后在 500 ℃空气中煅烧 6 h,得到 H/MZ。

将 H/MZ 与 0.0075 mol·L^{-1} Cu(NO$_3$)$_2$、0.0075 mol·L^{-1} Ce(NO$_3$)$_3$ 在 80 ℃水浴中交换 2 h,交换 3 次,然后在 550 ℃空气中煅烧 6 h,得到 Cu-Ce/MZ 样品。

3.2.2　Cu-Ce/ZSM-5 分子筛的制备

将 0.28 g Al$_2$(SO$_4$)$_3$·18H$_2$O、6.25 mL 浓度为 25% 的 TPAOH 和 3.75 mL 水混合,并搅拌至澄清。再加入 5 mL TEOS 室温下搅拌 6 h,至充分水解。将 0.01 g NaF 加入到混合液中继续搅拌 0.5 h,ZSM-5 前驱体溶液的组成为: Al$_2$O$_3$∶SiO$_2$∶TPAOH∶NaF∶H$_2$O = 1∶50∶8∶0.42∶1500。100 ℃晶化 48 h, 将得到的沉淀物经过水洗、过滤、干燥,550 ℃煅烧 6 h 得到 Na/ZSM-5。

用离子交换法制备出 Cu-Ce/ZSM-5,制备过程同 Cu-Ce/MZ。

3.2.3　Cu-Ce/Al-SBA-15 分子筛的制备

将 2 g P123 先溶于 60 mL 盐酸溶液和 15 mL 水的混合溶液中,37 ℃水浴磁力搅拌 1.5 h,然后加入 4.68 mL 正硅酸乙酯,最终原料的物质的量比为:P123∶SiO$_2$∶HCl∶H$_2$O=0.017∶1∶5.8∶197,继续搅拌 5~6 h,装釜,100 ℃晶化 24 h。最后抽滤,烘干,550 ℃空气氛围中煅烧 6 h,得到白色 SBA-15 粉末。接着将 0.081 g NaAlO$_2$ 溶于 50 mL 水中,然后加入 1 g SBA-15,室温搅拌 20~24 h,抽滤,干燥,550 ℃煅烧 6 h,得到 Si∶Al=25 的 Al-SBA-15。

用离子交换法制备出 Cu-Ce/Al-SBA-15,制备过程同 Cu-Ce/MZ。

3.3 结果与讨论

3.3.1 XRD 分析

为了确定所制备催化剂的晶型结构及结晶程度,对 Na/MZ、Cu-Ce/MZ、Cu-Ce/ZSM-5 进行 XRD 分析,结果如图 3.2 所示。

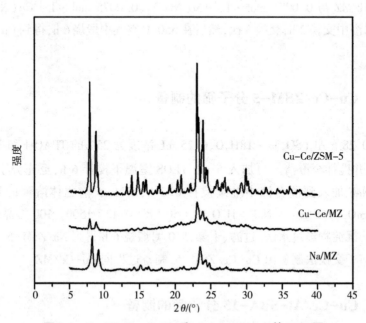

图 3.2 Na/MZ、Cu-Ce/MZ 和 Cu-Ce/ZSM-5 的 XRD 图

Na/MZ、Cu-Ce/MZ、Cu-Ce/ZSM-5 均出现了 MFI 型特征衍射峰,表明分子筛的原始结构保持完好,然而其衍射峰强度存在明显差异。与 Na/MZ 相比,Cu-Ce/MZ 的峰强度明显减弱,但没有观察到 Cu、Ce 物种的衍射峰及由其他物种产生的衍射峰。这表明,Cu-Ce/MZ 的结构没有受到离子交换过程及煅烧处理的影响,基本没有或很少形成 CuO_x、CeO_x 或 Cu 晶体。离子交换法能有效将 Cu、Ce 离子分散于分子筛骨架中。离子交换后 Cu-Ce/MZ 的峰强度减弱,说明结晶度降低。相比之下,Cu-Ce/ZSM-5 的衍射峰强度较高。如图 3.3 所示,Cu、Ce 的加入没有影响 Cu-Ce/Al-SBA-15 的介孔结构。

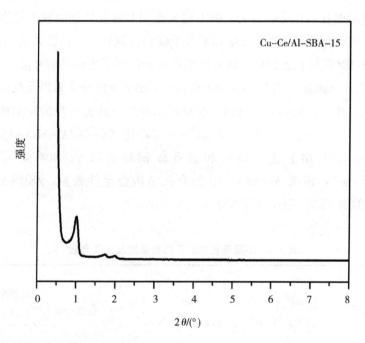

图 3.3　Cu-Ce/Al-SBA-15 的小角 XRD 图

3.3.2　N₂ 吸附-脱附分析

Na/MZ、Cu-Ce/MZ、Cu-Ce/ZSM-5 和 Cu-Ce/Al-SBA-15 的 N₂ 吸附-脱附分析如图 3.4 所示,其孔结构信息如表 3.1 所示。传统的 Cu-Ce/ZSM-5 呈现出典型微孔材料的 I 型曲线,BET 比表面积和总孔容分别为 340.3 $m^2 \cdot g^{-1}$ 和

0.26 $cm^3 \cdot g^{-1}$，与 ZSM-5 相比，略有减小（396.6 $m^2 \cdot g^{-1}$，0.27 $cm^3 \cdot g^{-1}$）。Cu-Ce/MZ 催化剂在相对压强为 0.45 $<p/p_0<$ 0.85 区间呈现出Ⅳ型曲线 H1 型滞后环，这是由于介孔的存在产生了毛细管冷凝现象。很显然尿素的加入对材料的孔结构产生了显著的影响，导致介孔的产生。未进行离子交换的 Na/MZ 的滞后回线略微向较低的相对压强偏移（0.40 $<p/p_0<$ 0.80），表明孔径较小。Na/MZ 的 BET 比表面积、介孔表面积、总孔容以及微孔孔容分别为 669.4 $m^2 \cdot g^{-1}$、591.5 $m^2 \cdot g^{-1}$、0.70 $cm^3 \cdot g^{-1}$ 及 0.03 $cm^3 \cdot g^{-1}$。经过离子交换处理后 Cu-Ce/MZ 的 BET 比表面积、介孔表面积、总孔容以及微孔孔容分别为 512.8 $m^2 \cdot g^{-1}$、459.0 $m^2 \cdot g^{-1}$、0.68 $cm^3 \cdot g^{-1}$ 及 0.02 $cm^3 \cdot g^{-1}$。据推测，离子交换处理对 Cu-Ce/MZ 样品的孔结构影响不大。BET 比表面积和微孔体积的减小是由于聚集在外表面的小颗粒氧化物部分堵塞了分子筛的孔隙和孔道。这表明，金属离子进入到 H/MZ 的微孔孔道中。这一结果进一步证明了所制备的样品具有微孔/介孔结构，比表面积大的 Cu-Ce/MZ 有利于增加活性组分含量以及反应物和产物的扩散。此外，Cu-Ce/Al-SBA-15 呈现出典型介孔分子筛的Ⅳ型曲线。与 Al-SBA-15（684.7 $m^2 \cdot g^{-1}$，0.78 $cm^3 \cdot g^{-1}$）相比，Cu-Ce/Al-SBA-15 经离子交换处理后其 BET 比表面积和总孔体积显著减小（404.4 $m^2 \cdot g^{-1}$，0.76 $cm^3 \cdot g^{-1}$），说明 Al-SBA-15 的介孔结构稳定性较差。ZSM-5 和 Al-SBA-15 的 N_2 吸附-脱附等温线如图 3.5 所示。

表 3.1　不同催化剂的孔结构参数及元素含量

催化剂	S_{BET}/ ($m^2 \cdot g^{-1}$)	S_{meso}/ ($m^2 \cdot g^{-1}$)	V_{total}/ ($cm^3 \cdot g^{-1}$)	V_{micro}/ ($cm^3 \cdot g^{-1}$)	孔径/nm	元素含量/%	
						Cu	Ce
Na/MZ	669.4	591.5	0.70	0.03	5.9	—	—
Cu-Ce/MZ	512.8	459.0	0.68	0.02	6.2	0.527	2.081
Cu-Ce/ZSM-5	340.3	—	0.26		0.43	1.129	0.303
Cu-Ce/Al-SBA-15	404.4	—	0.76		5.6	0.680	2.072

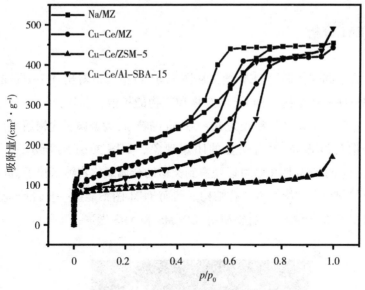

图 3.4　Na/MZ、Cu-Ce/MZ、Cu-Ce/ZSM-5
及 Cu-Ce/Al-SBA-15 的 N₂ 吸附-脱附曲线

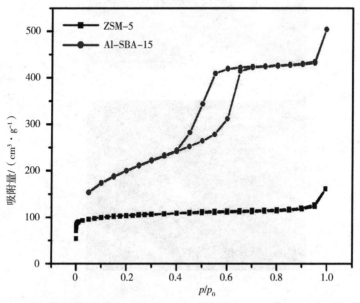

图 3.5　ZSM-5 及 Al-SBA-15 的 N₂ 吸附-脱附曲线

3.3.3 TEM 分析

图 3.6 为不同催化剂的 TEM 图。从图 3.6(a) 中可以看出,Cu-Ce/MZ 呈现出无序蠕虫状介孔结构,有利于反应物和产物的扩散。此外,经过离子交换处理后的 Cu-Ce/MZ 出现了粒径为 10~20 nm 的粒子,为金属氧化物纳米粒子,且粒子的分散程度很高,没有明显的团聚现象。如图 3.6(b) 所示,从 Cu-Ce/Al-SBA-15 的 TEM 图中也可以观察到类似的金属氧化物纳米粒子,负载纳米粒子后仍然保持着二维六方介孔结构。然而 TEM 图不能进一步说明金属氧化物纳米粒子的价态和含量,需要利用 ICP-MS 和 XPS 做进一步分析。

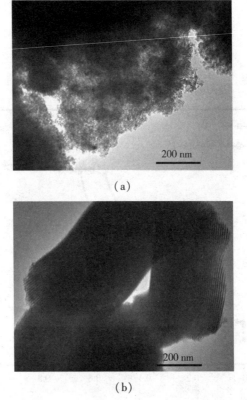

图 3.6   (a)Cu-Ce/MZ 和(b)Cu-Ce/Al-SBA-15 的 TEM 图

3.3.4　XPS 分析

为了确定催化剂表面的原子浓度和化学状态以及分析 Cu、Ce 的还原程度，笔者对 Cu-Ce/MZ、Cu-Ce/Al-SBA-15 和 Cu-Ce/ZSM-5 进行了 XPS 分析，结果如图 3.7 及表 3.2 所示。

图 3.7(a) 为 Cu 2p 谱图，结合能在 933.6 eV 和 932.5 eV 处的两个峰分别对应 Cu^{2+} 和 Cu^{+}。这表明，Cu-Ce/MZ、Cu-Ce/Al-SBA-15 和 Cu-Ce/ZSM-5 中均存在 CuO 和 Cu$_2$O 物种。Ce 3d 的 XPS 谱图如图 3.7(b) 所示。结合能在 905.0 eV 处的峰对应于 Ce^{3+}3d$_{3/2}$，结合能在 884.4 eV 处的峰对应于 Ce^{3+}3d$_{5/2}$，其他拟合峰归属于 Ce^{4+} 物种。Cu-Ce/MZ 表面 Cu 和 Ce 的原子浓度分别为 0.05% 和 0.11%，如表 3.2 所示。Ce 具有较高的还原能力 (Ce^{3+} ⟷ Ce^{4+})、优异的储氧能力、丰富的氧空位等特性，因此在 NH$_3$-SCR 反应中，Ce 的加入可以增加氧的吸附，促进 NO 氧化为 NO$_2$，有利于反应的进行。Cu-Ce/MZ 具有较高的 Ce^{3+}/(Ce^{3+}+Ce^{4+}) 原子比 (39.0)，表明此催化剂在 NH$_3$-SCR 反应中存在丰富的表面氧空位，更有利于反应物的还原。此外，这一结果也说明 Cu、Ce 高度分散在分子筛骨架中。O 1s 的 XPS 谱图如图 3.7(c) 所示。结合能在 531.2 eV 处的峰归属于晶格氧 (O$_\alpha$)，结合能在 532.5 eV 和 533.6 eV 处的峰分别归属于化学吸附氧 (O$_\beta$) 和表面羟基 (O$_\gamma$)。从表 3.2 中可以看出，Cu-Ce/MZ、Cu-Ce/Al-SBA-15、Cu-Ce/ZSM-5 的 O$_\beta$/(O$_\alpha$+O$_\beta$+O$_\gamma$) 值分别为 84.2、78.7 和 71.2。在分子筛表面引入 Cu 和 Ce 会产生更多的氧空位。CuO 结合到 CeO$_2$ 晶格中，Cu^{2+} 部分取代 Ce^{4+} 产生了氧空位，氧空位为氧物种的吸附提供了足够的位置，促进了吸附氧的生成，提高了 NO 催化还原的活性。另外，Cu-Ce 负载的催化剂表面会发生电子转移 Cu^{2+} + Ce^{3+} ⟷ Cu^{+} + Ce^{4+}，降低 Cu、Ce 活性中心之间电子转移的能量，促进 NH$_3$ 和 NO 的活化。Cu-Ce/MZ 的化学吸附氧含量最高，表明其在 NH$_3$-SCR 反应中存在丰富的表面氧空位，并且反应物更容易被活化，因此表现出优异的 NH$_3$-SCR 催化性能。

表 3.2　Cu-Ce/MZ、Cu-Ce/ZSM-5、Cu-Ce/Al-SBA-15 的表面组成

催化剂	原子浓度/%		原子比		
	Cu	Ce	$Cu^+/$ (Cu^++Cu^{2+})	$Ce^{3+}/$ $(Ce^{3+}+Ce^{4+})$	$O_\beta/$ $(O_\alpha+O_\beta+O_\gamma)$
Cu-Ce/MZ	0.05	0.11	16.4	39.0	84.2
Cu-Ce/Al-SBA-15	0.04	0.09	21.7	40.2	78.7
Cu-Ce/ZSM-5	0.06	0.06	13.4	37.3	71.2

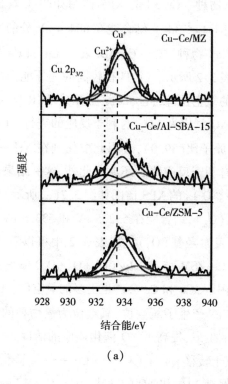

（a）

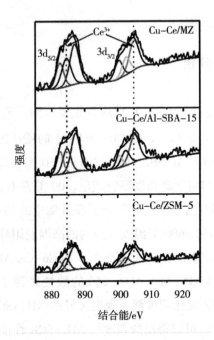

(b)

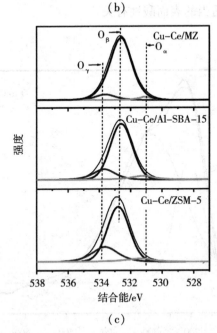

(c)

图 3.7　Cu-Ce/MZ、Cu-Ce/Al-SBA-15、Cu-Ce/ZSM-5 的 XPS 谱图

(a)Cu 2p;(b)Ce 3d;(c)O 1s

3.3.5 NH₃-TPD 分析

催化剂的表面酸性对 NH₃-SCR 反应有重要影响。笔者利用 NH₃-TPD 对 Cu-Ce/MZ、Cu-Ce/ZSM-5 和 Cu-Ce/Al-SBA-15 的酸性进行表征,如图 3.8 所示。Cu-Ce/MZ 和 Cu-Ce/Al-SBA-15 的 NH₃-TPD 图可以拟合出两个 NH₃ 脱附峰,200 ℃的低温峰归属于弱布朗斯特酸位,300 ℃左右的高温峰归属于强布朗斯特酸位和路易斯酸位,分别对应于分子筛骨架中的 Si—OH—Al 和 Cu²⁺。此外,Cu-Ce/ZSM-5 在 450~600 ℃温度区间内的高温脱附峰归属于 Cu 物种产生的路易斯酸位。Cu-Ce/MZ 与 Cu-Ce/ZSM-5 和 Cu-Ce/Al-SBA-15 相比,酸性较弱。Cu-Ce/Al-SBA-15(Si∶Al = 25)的酸性来源于分子筛骨架中的铝(Al—OH)。Cu-Ce/MZ 催化剂虽然表现出优异的 NH₃-SCR 活性,但其酸强度低于其他催化剂。因此,可以得出酸强度与 NH₃-SCR 性能之间不是线性关系,其优异的催化性能与适当的表面酸性有关。

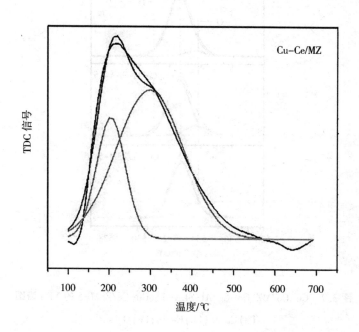

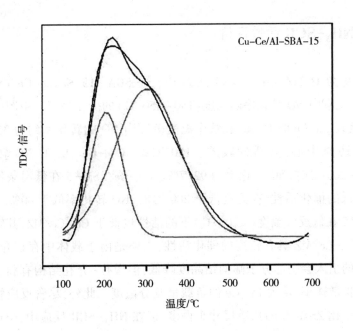

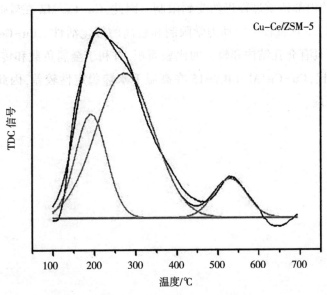

图 3.8　Cu-Ce/MZ、Cu-Ce/Al-SBA-15 和 Cu-Ce/ZSM-5 的 NH₃-TPD 曲线图

3.3.6　NH₃-SCR 活性评价

图 3.9 为 H/MZ、Cu-Ce/MZ、Cu-Ce/Al-SBA-15 和 Cu-Ce/ZSM-5 在 NH₃-SCR 反应中 NO 转化率随温度(150~450 ℃)的变化情况。由图中可以看出,没有负载 Cu、Ce 的 H/MZ 在整个温度范围内 NO 的转化率约为 35%,由于缺乏氧化还原中心,其活性较差。150 ℃ 时,Cu-Ce/MZ 的 NO 转化率为 55.9%,在 200 ℃ 时,NO 转化率为 92.7%。Cu-Ce/ZSM-5 在低温条件下表现出相对较低的催化活性,在温度低于 200 ℃ 时,NO 转化率低于 80%。Cu-Ce/Al-SBA-15 在低反应温度(<200 ℃)下的活性也低于 Cu-Ce/MZ,其转化率为 61.9%。Cu-Ce/MZ 具有较高的催化活性,主要是由于载体中存在介孔结构。尽管介孔的引入会引起分子筛的结晶度降低,但微孔-介孔结构有利于提高活性组分的扩散速率,增大 Cu、Ce 的负载量及分散度。此外,尽管反应物和产物的分子尺寸比 ZSM-5 的孔道尺寸小得多,但在 NH₃-SCR 反应中,NO$_x$ 在 Cu-Ce/ZSM-5 的内部传质过程仍然受到限制。因此,Cu-Ce/MZ 在较低的反应温度(< 200 ℃)下具有较小的动力学限制和较高的催化活性。Cu-Ce/Al-SBA-15 载体虽然具有介孔结构和较大的比表面积,有利于金属负载和传质,但与微孔分子筛相比,Cu-Ce/Al-SBA-15 在高温下水热稳定性较差,因此不适用于 NH₃-SCR 反应。

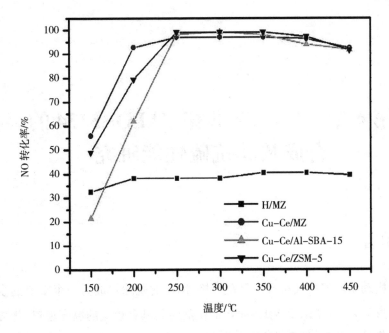

图 3.9　不同催化剂的 NO 转化率随温度变化曲线

3.4　本章小结

　　本章采用介孔 ZSM-5 作为载体,利用离子交换法将 Cu、Ce 负载其上,制备出 Cu-Ce/MZ 催化剂,用于 NH₃-SCR 反应,研究了载体的结构和物理化学性质对催化活性的影响。与 Cu-Ce/ZSM-5 和 Cu-Ce/Al-SBA-15 相比,Cu-Ce/MZ 在低温条件(< 200 ℃)下表现出较高的 NO 转化率。XRD 和 N₂ 吸附-脱附结果表明,利用离子交换法将 Cu、Ce 引入载体后,MZ 的比表面积和微-介孔结构仍然保持得较好。ICP-MS、TEM 结果表明,与微孔 ZSM-5 和介孔 SBA-15 相比,MZ 表面的活性组分负载量更多,分布更加均匀。XPS、NH₃-TPD 结果表明,Cu-Ce/MZ 具有丰富的表面氧空位和较强的酸性。由于 Cu-Ce/MZ 具有较高的比表面积、较多且分布均匀的活性位点和丰富的氧空位,因此表现出优异的 NH₃-SCR 催化性能。

第 4 章　Cu–Ce 共掺 SAPO–5/34 的合成及其抗硫性能研究

4.1　引言

随着机动车尾气排放法规的日益严格,NO_x 的脱除将成为一个重要的全球性问题。近年来,分子筛基 NH_3-SCR 催化剂因其具有较宽的温度窗口、优异的催化性能和较好的 N_2 选择性而备受关注。其中,Cu-SAPO-34、Cu-SSZ-13 等含 Cu 的小孔分子筛催化剂与 Cu-ZSM-5、Fe-beta 等其他 Fe 或 Cu 基分子筛催化剂相比,具有较高的 NH_3-SCR 活性以及较强的水热稳定性。值得注意的是,Cu-SAPO-34 比 Cu-SSZ-13 表现出更好的水热稳定性和更高的商业价值。Hu 等人报道了将 SAPO-18/SAPO-34 共生分子筛用于 1-丁烯裂化反应,并对 C_3H_6 和 C_2H_4+ C_3H_6 表现出良好的活性和选择性。Xu 等人通过传统水热法合成了 Cu/SAPO-34/5 催化剂,由于催化剂具有丰富的 Bronsted 酸位点和活性 Cu^{2+},在 NH_3-SCR 反应中表现出优异的催化活性。

本章采用一锅水热晶化法,以纤维素为添加剂,制备出 Cu-Ce 共掺 SAPO-34、SAPO-5/34 沸石分子筛(图 4.1)。纤维素在前驱体中的强吸附作用对 Cu 和 Ce 活性组分的分散起主要作用,并对混晶结构的形成产生积极的影响。在 NH_3-SCR 反应中,与 Cu-Ce/SAPO-34 分子筛相比,Cu、Ce 共掺的 SAPO-5/34 混晶结构催化剂表现出优异的催化活性和抗 SO_2 性。

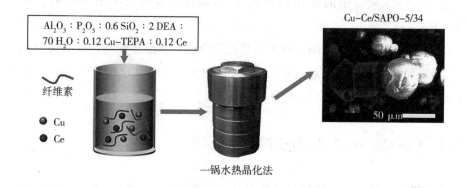

图 4.1　Cu–Ce 共掺 SAPO–5/34 的制备示意图

4.2　实验部分

4.2.1　Cu–Ce/SAPO–34 和 Cu–Ce/SAPO–5/34 分子筛的制备

以异丙醇铝作为铝源,85% 的磷酸作为磷源,原硅酸四乙酯作为硅源,二乙胺作为共模板剂,四乙烯基五胺作为铜(Ⅱ)的配合剂,硝酸铜和硝酸铈作为金属来源。起始前驱体凝胶物质的量组成为:$Al_2O_3 : P_2O_5 : 0.6\ SiO_2 : 2\ DEA : 70\ H_2O : 0.12\ Cu-TEPA : 0.12\ Ce$。

具体合成步骤如下:先将 6.13 g 异丙醇铝与 18.9 mL 水在烧杯中混合。加入 3.1 mL DEA,室温下强力搅拌 1 h。加入 2.0 mL TEOS 继续搅拌 4 h。将 2.0 mL H_3PO_4 滴加到上述凝胶中,继续搅拌 0.5 h,得到均匀的混合物 A。

将 0.44 g $Cu(NO_3)_2 \cdot 3H_2O$、0.78 g $Ce(NO_3)_3 \cdot 6H_2O$ 和 0.3 mL TEPA 溶于 50 mL 水中,然后在上述溶液中加入不同量的纤维素。将得到的混合物在敞开体系中 80 ℃ 连续搅拌,得到粉末 B,将 A 和 B 混合在一起,然后在室温下大力搅拌 12 h。最后,使用超声装置处理上述混合物 1 h,得到均匀凝胶。得到的凝胶在 200 ℃ 条件下晶化 48 h,650 ℃ 空气中煅烧 5 h,得到的样品记作 Cu–Ce/SP–x (x = 0.5、0.75 和 1,其中 x 表示凝胶中 C 与 P 的物质的量比)。C/P 物质的量比随纤维素含量的变化而变化,同时保持初始凝胶中 H_3PO_4 的含量不变。

Cu-Ce/SAPO-34 也采用一锅水热晶化法合成。合成步骤与上面描述的相同,但不添加纤维素。将 0.44 g Cu(NO$_3$)$_2$·3H$_2$O、0.78 g Ce(NO$_3$)$_3$·6H$_2$O 和 0.3 mL TEPA 直接加入混合物 A 中。

4.2.2 Cu-Ce/SP-2.88 分子筛的制备

为了研究混晶结构与机械混合法对反应结果的影响,将 Cu-Ce/SAPO-34 和 Cu-Ce/SP-0.5 分子筛机械混合在一起,得到 Cu-Ce/SP-2.88。2.88 表示 Cu-Ce/SAPO-34 与 Cu-Ce/SP-0.5 的质量比,这一数值是通过 Cu-Ce/SP-0.75 对应的 SAPO-34 和 SAPO-5 主峰强度比得到的。

4.3 结果与讨论

4.3.1 XRD 分析

Cu-Ce/SAPO-34、Cu-Ce/SP-0.5、Cu-Ce/SP-0.75 和 Cu-Ce/SP-1 的 XRD 图如图 4.2 所示。从图中可以观察到,Cu-Ce/SAPO-34 的 XRD 图在 2θ 为 9.5°、13.0°、16.0°、17.8°、20.5°、23.2°、25.0°、26.2° 和 30.9° 处出现明显的衍射峰,归属于 CHA 型分子筛的特征峰。Cu-Ce/SP-0.5、Cu-Ce/SP-0.75 与 Cu-Ce/SAPO-34 相对比,在 2θ 为 7.4°、14.9°、22.5° 和 30.0° 处的衍射峰有明显差异,与 SAPO-5(AFI 结构)很好地吻合,说明 Cu-Ce/SP-0.5 和 Cu-Ce/SP-0.75 中同时存在 AFI 和 CHA 两种晶体结构。此外,Cu-Ce/SP-0.75 中 SAPO-5 的峰强度明显减弱,而 SAPO-34 的峰强度增强。结果表明,Cu-Ce/SP-0.75 中的 CHA 晶体结构多于 Cu-Ce/SP-0.5。当 C 与 P 物质的量比增加到 1 时,Cu-Ce/SP-1 中只存在 CHA 结构。此外,所有样品中均未见明显的 CuO$_x$、CeO$_x$ 和 Cu 衍射峰,说明活性金属分散性良好,或者是以孤立物种的形式存在。

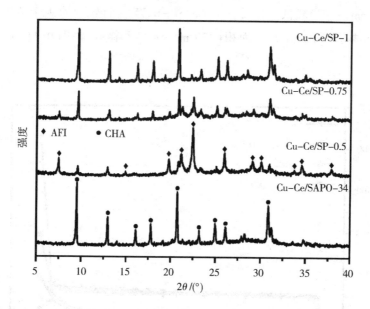

图 4.2　Cu-Ce/SAPO-34、Cu-Ce/SP-0.5、Cu-Ce/SP-0.75
和 Cu-Ce/SP-1 的 XRD 图

4.3.2　N$_2$ 吸附-脱附分析

Cu-Ce/SAPO-34、Cu-Ce/SP-0.5、Cu-Ce/SP-0.75 和 Cu-Ce/SP-1 的 N$_2$ 吸附-脱附等温线如图 4.3 所示,样品的孔结构参数及元素组成见表 4.1。从图中可以明显观察到,所有催化剂在相对压强较低的条件下,曲线都呈现典型的 I 型,说明催化剂具有微孔结构。在 Cu-Ce/SP-1 的等温线上可以观察到当相对压强接近饱和时($p/p_0 > 0.9$),吸附量急剧增大,说明 N$_2$ 的吸附量大于 Cu-Ce/SAPO-34。同时,在相对压强较高时,从 Cu-Ce/SP-0.5 和 Cu-Ce/SP-0.75 的等温线上可以观察到明显的滞后回线,这是由于粒子间密堆积形成了介孔。介孔结构有利于反应物分子的扩散和活性物质的分散。从表 4.1 可以看出,Cu-Ce/SAPO-34 和 Cu-Ce/SP-1 的 BET 比表面积(637 m^2 · g^{-1},640 m^2 · g^{-1})和微孔体积(0.22 cm^3 · g^{-1},0.23 cm^3 · g^{-1})均较高,结晶度良好。值得注意的是,Cu-Ce/SP-0.5 与其他样品相比,其 BET 比表面积(190 m² · g⁻¹)和微孔体积(0.05 cm³ · g⁻¹)较低。相反,Cu-Ce/SP-0.75 具有较少的 AFI 结构和较多的 CHA 结构,使得 BET 比表面积(339 m² · g⁻¹)和微孔体积(0.11 cm³ · g⁻¹)增加。

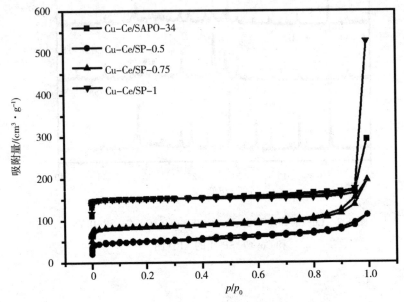

图 4.3 Cu-Ce/SAPO-34、Cu-Ce/SP-0.5、Cu-Ce/SP-0.75
和 Cu-Ce/SP-1 的 N₂ 吸附-脱附曲线

表 4.1 不同催化剂的孔结构参数及元素组成

催化剂	S_{BET}/ (m² · g⁻¹)	S_{meso}/ (m² · g⁻¹)	V_{total}/ (cm³ · g⁻¹)	V_{micro}/ (cm³ · g⁻¹)	V_{meso}/ (cm³ · g⁻¹)	Cu/ %	Ce/ %
Cu-Ce/SAPO-34	637	27	0.24	0.22	0.02	2.15	4.00
Cu-Ce/SP-0.5	190	58	0.14	0.05	0.09	2.07	4.23
Cu-Ce/SP-0.75	339	44	0.24	0.11	0.13	2.05	4.51
Cu-Ce/SP-1	640	4	0.27	0.23	0.04	1.23	2.78

4.3.3　SEM 分析

　　Cu-Ce/SAPO-34、Cu-Ce/SP-0.5、Cu-Ce/SP-0.75 和 Cu-Ce/SP-1 的 SEM 图如图 4.4 所示。从图 4.4(a)中可以看出,Cu-Ce/SAPO-34 展示出典型的立方体形状,平均粒径大小为 3.5 μm。在合成凝胶中加入少量 α-纤维素时,样品的形貌出现了明显变化,Cu-Ce/SP-0.5 展现出粒子尺寸为 10~30 μm 花状聚集体,聚集体由纳米片间相互聚集而形成,如图 4.4(b)所示。将纤维素含量进一步增加至 0.75 时,Cu-Ce/SP-0.75 同时出现了立方体和花状聚集体两种形貌,如图 4.4(c)所示。此外,部分粒子间出现了堆积和交叠,这一现象与 XRD 分析结果一致。当 α-纤维素含量增加到 1 时,Cu-Ce/SP-1 出现了粒径为 15~20 μm 的球形聚集体,形成聚集体的粒子为具有 CHA 结构的 SAPO-34 立方晶体,如图 4.4(d)所示。结果表明,纤维素的添加能抑制晶体的生长,促进其聚集,导致大量晶体间形成介孔,与 N_2 吸附-脱附分析结果一致。此外,从 SEM 图中看不到明显的碳纳米颗粒。为了进一步研究样品中残留碳或纤维素的存在,笔者对煅烧后的 Cu-Ce/SP-0.75 进行了热重分析。

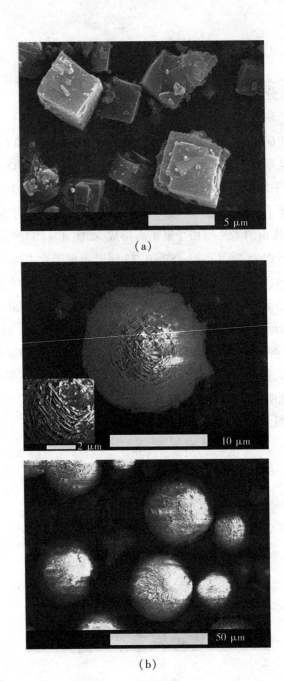

（a）

（b）

(c)

（d）

图4.4　（a）Cu-Ce/SAPO-34、（b）Cu-Ce/SP-0.5、（c）Cu-Ce/SP-0.75
和（d）Cu-Ce/SP-1 的 SEM 图

4.3.4　TG-DTA 分析

图4.5 为 Cu-Ce/SP-0.75 和纤维素的 TG-DTA 分析曲线。从纤维素的热重曲线中可以观察到在290~370 ℃温度范围内出现一个失重阶梯，失重率达到90%，表明纤维素在此温度区间内基本分解。在450~550 ℃出现了一个较小的失重阶梯，失重率约为10%。反观煅烧后 Cu-Ce/SP-0.75 的热重曲线，可以看出在温度低于160 ℃时出现了一个失重阶梯，为物理吸附的水和其他杂质的失重峰。随着温度继续升高，在290~370 ℃和450~550 ℃温度区间未观察到明显的失重峰，表明样品经过煅烧后纤维素被完全煅烧掉。除了纤维素，碳的其他来源还有异丙醇铝、原硅酸四乙酯、二乙胺和四乙烯基五胺。

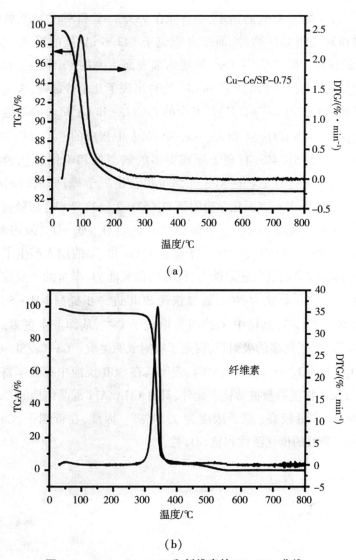

（a）

（b）

图 4.5　Cu-Ce/SP-0.75 和纤维素的 TG-DTA 曲线

4.3.5　XPS 分析

XPS 可分析 Cu-Ce/SAPO-34、Cu-Ce/SP-0.5、Cu-Ce/SP-0.75 和 Cu-Ce/SP-1 样品中 Cu、Ce 和 O 的表面化学状态,如图 4.6 所示,样品的表面

65

组成见表 4.2。如图 4.6(a)所示,结合能在 933.5 eV 和 936.3 eV 处的峰归属于氧化铜和孤立的 Cu^{2+} 物种,而结合能位于 943.6 eV 处的峰进一步证明了 Cu^{2+} 物种的存在。结果表明,Cu^{2+} 是催化剂表面主要的 Cu 物种。Ce 3d 峰的 XPS 光谱如图 4.6(b)所示,Ce^{3+} 和 Ce^{4+} 物种出现了几个特征峰,表 4.2 列出了所有催化剂的 $Ce^{3+}/(Ce^{3+}+Ce^{4+})$。其余的 Ce 3d$_{3/2}$ 和 Ce 3d$_{5/2}$ 峰对应于 Ce^{4+} 物种。此外,Cu-Ce/SAPO-34 和 Cu-Ce/SP-0.5 中相应的 $Ce^{3+}/(Ce^{3+}+Ce^{4+})$ 值从 47.8% 增加到 51.4%,有利于形成更多的氧空位和不饱和化学键。如图 4.6(c)所示,催化剂 O 1 s 的 XPS 光谱可拟合出三个峰,分别归属于晶格氧 O_α(529.7~530.5 eV)、表面化学吸附氧 O_β(531.2~532.7 eV)和羟基表面的氧物种 O_γ(533.3~534.8 eV)。所有催化剂的 $O_\alpha/(O_\alpha+O_\beta+O_\gamma)$ 值均大于 70%。分子筛表面吸附氧的产生是由于分子筛表面 Cu 和 Ce 的加入产生了更多的氧空位。Ce 具有较高的氧化还原能力、优异的储氧能力、丰富的氧空位和氧离子传输特性,促进 NO 氧化为 NO_2,通过快速 SCR 进一步提高 NH_3-SCR 反应活性。CuO 加入到 CeO_2 晶格中,Cu^{2+} 部分取代了 Ce^{4+},从而产生更多的氧空位。氧空位为氧提供了更多的吸附位,促进了吸附氧的生成。Cu-Ce/SP-0.75 具有较高的 $O_\alpha/(O_\alpha+O_\beta+O_\gamma)$ 值(79.8%),表明其在 SCR 反应中存在丰富的表面氧空位,并且反应物更容易被活化。此外,具有 CHA/AFI 混晶结构的 Cu-Ce/SP-0.75 表面 Cu 含量较高(原子浓度为 2.54%)。因此,在低温下,Cu-Ce/SP-0.75 表现出最好的催化活性和抗 SO_2 性。

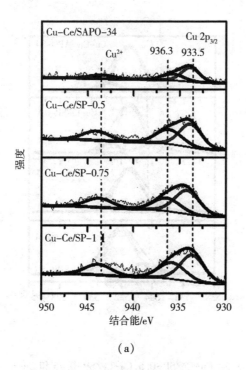

（a）

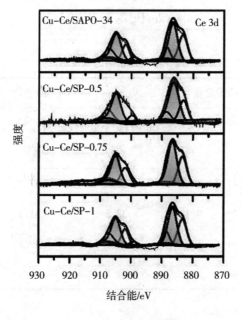

（b）

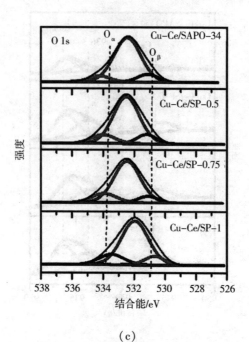

（c）

图4.6　Cu-Ce/SAPO-34、Cu-Ce/SP-0.5、Cu-Ce/SP-0.75 和 Cu-Ce/SP-1 的 XPS 谱图

(a)Cu 2p;(b)Ce 3d;(c)O 1s

表4.2　不同催化剂的表面组成

催化剂	原子含量		原子化		
	Cu/ %	Ce/ %	$Cu^+/(Cu^++Cu^{2+})$ /%	$Ce^{3+}/(Ce^{3+}+Ce^{4+})$ /%	$O_\beta/(O_\alpha+O_\beta+O_\gamma)$ /%
Cu-Ce/SAPO-34	0.44	2.60	38.0	47.8	76.5
Cu-Ce/SP-0.5	0.44	0.49	38.3	51.4	75.7
Cu-Ce/SP-0.75	2.54	1.36	38.6	49.8	79.8
Cu-Ce/SP-1	0.64	4.12	41.8	49.9	71.5

4.3.6　H_2-TPR 分析

为了研究活性组分 CuO_x、CeO_x 对催化剂还原性的影响,笔者对所合成的催化剂进行了 H_2-TPR 表征,结果如图 4.7 所示。Cu-Ce/SAPO-34、Cu-Ce/SP-0.5、Cu-Ce/SP-0.75 和 Cu-Ce/SP-2.88 的 H_2 还原峰峰强度相近,而 Cu-Ce/SP-1 的 H_2 还原峰峰强度相对较低。根据 ICP 分析结果,由于活性金属负载量较低,因此还原峰强度较低。H_2 还原峰可拟合成三个峰,分别标记为 A、B、C。温度区间在 200~300 ℃为还原峰 A,归属于 Cu^{2+} 还原成 Cu^+。还原峰 B 位置约为 280 ℃,归属于块状 CuO 还原成 Cu^0。还原峰 C 位置约为 325 ℃,归属于 Cu^{2+} 还原为 Cu^+。在图中未观察到明显的 CeO_2 还原峰,表明 Ce 的加入加速了氧的迁移,根据 XPS 结果,CuO_x 可与 CeO_x 的空穴结合,与表面吸附氧发生协同作用。另外,H_2 消耗量的定量分析结果见表 4.3。活性最好的 Cu^{2+} 物种的量依次为:Cu-Ce/SP-1 < Cu-Ce/SAPO-34 < Cu-Ce/SP-2.88 < Cu-Ce/SP-0.5< Cu-Ce/SP-0.75。CuO 物种的量依次为:Cu-Ce/SP-0.75 < Cu-Ce/SP-1 < Cu-Ce/SP-0.5 < Cu-Ce/SPP-2.88 < Cu-Ce/SAPO-34。与其他催化剂相比,Cu-Ce/SP-0.75 中的活性组分 Cu^{2+} 物种含量最高,CuO 含量最低。此外,Cu-Ce/SP-0.75 在 230 ℃左右的还原峰位置温度较低,说明 Cu-Ce/SP-0.75 的氧化还原能力较强。这些特性都有利于提高 NH_3-SCR 反应活性和抗 SO_2 性,因此混晶结构的 Cu-Ce/SP-0.75 具有更好的 NH_3-SCR 反应活性。值得注意的是,样品的 Cu 含量与 H_2 消耗量存在差异,这是因为 XPS 分析的是固体样品外表面的 Cu 物种,而 H_2-TPR 分析的是样品整体的还原性。

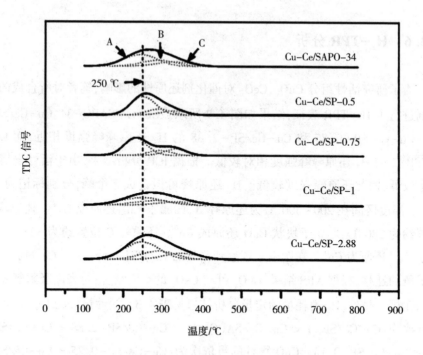

图 4.7　Cu-Ce/SAPO-34、Cu-Ce/SP-0.5、Cu-Ce/SP-0.75、Cu-Ce/SP-1
和 Cu-Ce/SP-2.88 的 H_2-TPR 曲线图

表 4.3　不同催化剂的 H_2 消耗量的定量分析结果

催化剂	Cu^{2+}/(mmol·g^{-1})		总 Cu^{2+}/ (mmol·g^{-1})	CuO/ (mmol·g^{-1})
	A	C		B
Cu-Ce/SAPO-34	0.236	0.091	0.327	0.122
Cu-Ce/SP-0.5	0.283	0.067	0.350	0.091
Cu-Ce/SP-0.75	0.258	0.093	0.351	0.075
Cu-Ce/SP-1	0.172	0.105	0.277	0.080
Cu-Ce/SP-2.88	0.249	0.089	0.338	0.120

4.3.7　NH₃-TPD 分析

　　分子筛催化剂的表面酸性在 NH₃-SCR 反应中起着重要作用,笔者使用 NH₃-TPD 来表征催化剂表面的酸量和酸强度。图 4.8 展示了新鲜催化剂的 NH₃-TPD 曲线图。从图中可以观察到,催化剂均出现两个 NH₃ 脱附峰,标记为 T_1 和 T_2,分别归属于催化剂表面 NH₃ 的两种吸附位点。低温脱附峰 ($T_1 < 250$ ℃)是由于物理吸附的 NH₃ 引起的,中高温区(300 ℃ $< T_2 <$ 500 ℃)脱附峰是由中强酸吸附的 NH₃ 脱附引起的,根据 NH₃-TPD 分析结果得到的不同表面酸位点的酸量(表 4.4),各催化剂的总酸量大小依次为:Cu-Ce/SP-2.88 < Cu-Ce/SP-1 < Cu-Ce/SP-0.75 < Cu-Ce/SAPO-34 < Cu-Ce/SP-0.5。Cu-Ce/SP-0.75 的总酸量低于 Cu-Ce/SAPO-34 和 Cu-Ce/SP-0.5,说明由于 SAPO-5/34 具有混晶结构,NH₃ 在酸位的化学吸附在一定程度上有所降低。此外,Cu-Ce/SP-0.75 上的脱附峰温度略低于其他催化剂的脱附峰温度,说明 Cu-Ce/SP-0.75 上的 NH₃ 更容易被活化,进而参与 NH₃-SCR 反应。

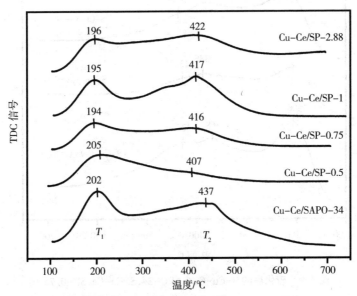

图 4.8　新鲜 Cu-Ce/SAPO-34、Cu-Ce/SP-0.5、Cu-Ce/SP-0.75、Cu-Ce/SP-1 和 Cu-Ce/SP-2.88 的 NH₃-TPD 曲线图

表4.4 催化剂的酸量 NH_3-TPD 分析结果表

催化剂	NH_3-TPD / (mL·m^{-2})		
	T_1	T_2	总酸量
Cu-Ce/SAPO-34	0.034	0.058	0.092
Cu-Ce/SP-0.5	0.053	0.086	0.139
Cu-Ce/SP-0.75	0.047	0.036	0.083
Cu-Ce/SP-1	0.023	0.043	0.066
Cu-Ce/SP-2.88	0.028	0.037	0.064

将催化剂在 NH_3-SCR 反应中用 0.0001% SO_2 毒化 8 h 后,不经过预处理进行 NH_3-TPD 表征,如图4.9所示。

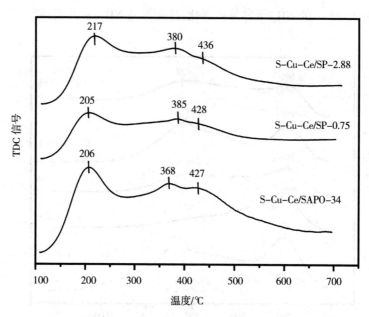

图4.9 硫化后的 S-Cu-Ce/SAPO-34、S-Cu-Ce/SP-0.75 和 S-Cu-Ce/SP-2.88 的 NH_3-TPD 曲线图

从图中可以看出,硫化后催化剂的脱附峰高于新鲜的催化剂,说明硫化后催化剂的弱酸中心和中强酸中心的酸强度较高。与其他被硫化的催化剂相比,S-Cu-Ce/SP-0.75 的 NH_3 低温脱附峰出现在较低的温度。结果表明,在 SO_2 存在的条件下,Cu-Ce/SP-0.75 上的 NH_3 物种更容易被活化,更有利于提高 NH_3-SCR 反应的低温抗 SO_2 性。此外,在 380 ℃ 左右出现了另一个脱附峰,可能为硫酸铵物种分解出的 NH_3 峰。

4.3.8　NH_3-SCR 活性评价

根据文献报道,Cu-Ce/SAPO-34 比传统的 Cu-SAPO-34 具有更好的 NH_3-SCR 活性。为了研究 Cu-Ce 共掺 SAPO-5/34 混晶结构对 NH_3-SCR 反应的影响,笔者进行了 NH_3-SCR 测试,图 4.10(a) 为 NO_x 转化率随温度变化曲线,图 4.10(b) 为 SO_2 存在下,NO_x 转化率随温度变化曲线。从图 4.10(a) 可以看出,与 Cu-Ce/SP-0.75 和 Cu-Ce/SP-2.88 相比,在反应温度低于 200 ℃ 时,Cu-Ce/SAPO-34、Cu-Ce/SP-0.5 和 Cu-Ce/SP-1 的 NH_3-SCR 活性较差。在温度区间为 180~450 ℃ 时,Cu-Ce/SP-0.75 的 NO_x 转化率可达到 90% 以上。结果表明,在低温条件下引入少量 SAPO-5 后,NO_x 转化率显著提高。为了进一步考察少量 SAPO-5 对 Cu-Ce/SAPO-5/34 混晶催化剂对 NH_3-SCR 反应的影响,笔者通过 NH_3-SCR 活性测试来表征物理混合的 Cu-Ce/SP-2.88 的 NH_3-SCR 反应活性。值得注意的是,物理混合物 Cu-Ce/SP-2.88 的 NH_3-SCR 活性与 Cu-Ce/SP-0.75 相比相对较低,说明物理混合的 SAPO-5 不能直接提高 NH_3-SCR 活性。图 4.10(b) 为 Cu-Ce/SAPO-34、Cu-Ce/SP-0.5、Cu-Ce/SP-0.75、Cu-Ce/SP-1 和 Cu-Ce/SP-2.88 在 $1×10^6$ SO_2 存在下的 NH_3-SCR 性能。在温度区间为 100~350 ℃ 之间,由于 SO_2 的毒化作用,催化剂的 NH_3-SCR 活性均有所降低,但当温度高于 350 ℃ 时,NO_x 转化率变化不大。对于 Cu-Ce/SAPO-34,200 ℃ 时 NO_x 转化率从 82%(不含 SO_2)下降到 59%,反应温度高于 350 ℃ 时 NO_x 转化率迅速提高。当 SO_2 存在时催化剂失活的主要原因是催化剂表面形成了硫酸铵物种。当温度高于 350 ℃ 时,硫酸铵可以从催化剂表面分解,因此 NH_3-SCR 活性又重新恢复。相比之下,Cu-Ce/SP-0.75 在 SO_2 存在的条件下,NO_x 转化率几乎没有降低。结果表明,在 NH_3-SCR 反应中,CHA/AFI 的混晶结构表现出更优异的抗 SO$_2$ 性,这主要是由于混晶结构具有较小的扩散限制、丰富且分散的 Cu 和 Ce 活性物种、优异的氧化还原性能,以及对 NH$_3$ 较强的吸附和活化能力。

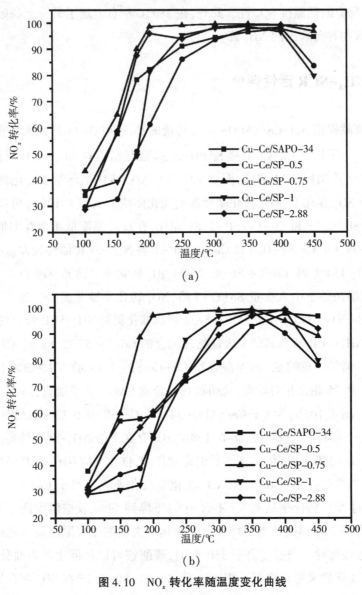

(a)

(b)

图 4.10 NO$_x$ 转化率随温度变化曲线

(a) 无 SO$_2$;(b) 含 SO$_2$

4.4　本章小结

　　本章中,笔者以不同用量的纤维素为添加剂,制备了 Cu-Ce 共掺 SAPO-34 和 SAPO-5/34 催化剂。随着 C、P 物质的量比从 0 增加到 1,合成产物由 CHA 晶相转化为 CHA/AFI 混相,最终转化为 CHA 晶相。在这些催化剂中,具有混晶结构的 Cu-Ce/SP-0.75 在 180~450 ℃温度范围内具有良好的 NH_3-SCR 活性及抗 SO_2 性。N_2 吸附-脱附结果表明,Cu-Ce/SP-0.75 具有利于反应物及产物分子扩散和活性组分分散的微-介孔结构。其他表征结果表明,Cu-Ce/SP-0.75 中的 Cu^{2+}、Ce^{3+} 高度分散,其丰富的表面化学吸附氧和良好的氧化还原性能有利于进一步提高 NH_3-SCR 活性。NH_3-TPD 分析结果表明,Cu-Ce/SP-0.75 对 NH_3 具有较高的吸附和活化能力。此外,与混晶结构的 Cu-Ce/SP-0.75 相比,Cu-Ce/SAPO-34、Cu-Ce/SP-0.5 和机械混合制备的 Cu-Ce/SP-2.88 的 NH_3-SCR 催化活性较低。结果表明,具有 CHA/AFI 混晶结构的催化剂可以更有效地用于 NH_3-SCR 反应脱除 NO_x。

第5章 Cu-Ce 共掺 CNT-SAPO-34 的合成及其抗硫抗水性能研究

5.1 引言

柴油车尾气中 NO_x 的净化已成为当前空气污染控制领域的热点,其中 NH_3-SCR 被认为是最有前景的 NO_x 还原技术之一,该技术的关键问题是催化剂。最近,Cu-SAPO-34 催化剂被广泛用于 NH_3-SCR 反应去除 NO_x,这是由于该种分子筛具有丰富的 NH_3 吸附位点和活化酸位、较宽的温度窗口、高 N_2 选择性和优异的高温水热稳定性。然而,小孔结构限制了反应物扩散到活性位点的传质过程,尤其是在低温条件下传质过程影响更为显著。

目前,改善扩散阻力的方法主要是在微孔分子筛框架中引入中孔和大孔,以形成多级孔结构。Weckhuysen 等人合成了介孔 Cu-SSZ-13,该介孔材料是通过使用不同浓度的 NaOH 对 H-SSZ-13 分子筛进行碱处理而制备出来的,其中介孔 Cu-SSZ-13 在整个温度范围内,尤其是在低温区($<200\ ℃$)表现出更高的 NH_3-SCR 活性。然而,此项研究并未讨论催化剂的抗 SO_2/H_2O 性及水热稳定性。

Zhang 等人通过一种绿色、简单的方法成功制备出具有多层结构的 Fe_2O_3@ MNO_x@CNT 催化剂,该催化剂表现出优异的 NH_3-SCR 性能和理想的抗 SO_2性。Jiang 等人使用活性炭和 CNT 复合物(CAC-CNT)载体制备了一系列 Cu_xCe/CAC-CNT 催化剂,在低温 NH_3-SCR 反应中具有较高的抗 SO_2 性,其中 $Cu_{0.2}Ce$/CAC-CNT 在低温 NH_3-SCR 反应中表现出最强的抗 SO_2 性。然而,CNT 在 NH_3-SCR 反应中仍然存在一些问题。(1)CNT 缺少酸性位点,在高温下对 NH$_3$ 的吸附能力相对较弱。(2)涂覆在 CNT 上的活性组分在 CNT 上的分散性较差,并且活性组分的分散性不能得到有效调节。(3)由于 CNT 具有较高的表面能以及活性组分,在 CNT 上的黏附性较弱,活性金属组分倾向于在高温下迁移,甚至发生严重聚集,由此导致催化剂失活。

　　在本章中,笔者通过一锅水热晶化法合成了 Cu-Ce 共掺 CNT-SAPO-34 复合结构载体催化剂。CuCe/CNT-SAPO-34 不仅表现出较高的 NH$_3$-SCR 活性,而且在宽温度窗口下表现出优异的抗 SO$_2$/H$_2$O 性(图 5.1)。同时笔者研究了 CNT 的添加量对 NO$_x$ 转化率的影响,以及催化剂的抗 SO$_2$ 和 H$_2$O 性。

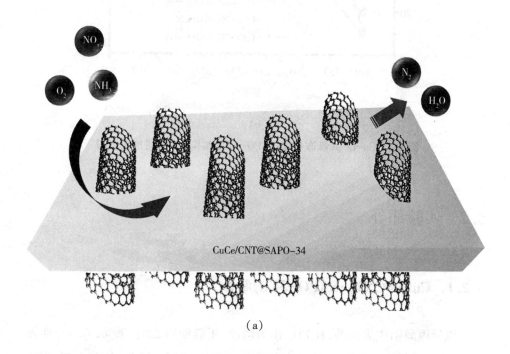

CuCe/CNT@SAPO-34

(a)

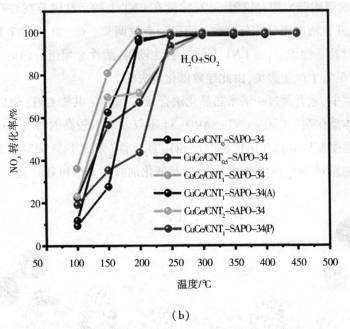

（b）

图 5.1　Cu-Ce 共修饰 CNT-SAPO-34 的结构及脱硝性能示意图

5.2　实验部分

5.2.1　CuCe/CNT$_x$-SAPO-34 的制备

以异丙醇铝作为铝源，H_3PO_4 作为磷源，正硅酸四乙酯（99%，TEOS）作为硅源，二乙胺作为共模板剂，四乙烯基五胺（TEPA）作为铜（Ⅱ）的配合剂，硝酸铜和硝酸铈作为金属来源。

CuCe/CNT-SAPO-34 通过一锅水热法合成，凝胶组成为 Al_2O_3 : P_2O_5 : SiO_2 : DEA : H_2O : CuTEPA : Ce : C = 1 : 1 : 0.6 : 2 : 70 : 0.12 : 0.12 : x（x = 0、0.5、1 和 2）。合成步骤如下：首先，将 6.13 g 异丙醇铝溶解在 10 mL 水中。随后，在持续搅拌 1 h 的情况下，向溶液中加入 3.1 mL DEA。然后，向混合物中加入 2.0 mL TEOS，持续搅拌 4 h。在搅拌 30 min 时，向溶液中添加 2.0 mL

H_3PO_4，从而获得均匀的混合物 A。将 0.44 g Cu$(NO_3)_2$·3H_2O、0.78 g Ce$(NO_3)_3$·6H_2O 和 0.3 mL TEPA 溶解在 8.9 mL 水中形成水溶液，然后将不同量的 CNT 添加到上述溶液中形成混合物 B。随后，将 A 添加到 B 中继续搅拌 12 h 以获得均匀凝胶。通过超声波处理所得凝胶 1 h，然后将其转移到不锈钢高压釜中 200 ℃水热晶化 48 h。将合成产物过滤并用蒸馏水洗涤，在 60 ℃干燥过夜，然后在 650 ℃ N_2 中煅烧 6 h。这一系列产物被命名为 CuCe/CNT$_x$-SAPO-34，其中 x 代表 C 与 Al_2O_3 的物质的量比（x = 0、0.5、1 和 2，C 来源于 CNT）。

5.2.2　CuCe/CNT$_1$-SAPO-34（P）的制备

为了考察复合载体对 NH_3-SCR 性能的影响，采用机械混合法制备的 CuCe/CNT$_1$-SAPO-34（P）作为对比研究。将 CuCe/CNT$_0$-SAPO-34 和 CNT 通过机械混合的方法制备出 CuCe/CNT$_1$-SAPO-34（P）（1 代表 C 与 Al_2O_3 的物质的量比，C 源于 CNT）。然后将混合物在 650 ℃的 N_2 下煅烧 6 h 以获得产物。

5.2.3　CuCe/CNT$_1$-SAPO-34（A）的制备

为了考察 CNT 在复合载体中的作用，笔者还制备了 CuCe/CNT$_1$-SAPO-34（A）。合成步骤与上述 CuCe/CNT$_1$-SAPO-34 类似，但催化剂在 650 ℃的空气中煅烧 6 h。

5.3　结果与讨论

5.3.1　XRD 分析

图 5.2 为在合成过程中添加不同量的 CNT 用作复合载体而制备出的一系列 CuCe/CNT$_x$-SAPO-34 的 XRD 图。所制备的 CuCe/CNT$_x$-SAPO-34 在 9.6°、13.0°、16.2°、20.7°、26.0°和 31.0°处均显示出典型的 CHA 结构衍射峰，

表明在水热晶化和煅烧的条件下,在合成阶段的初始凝胶中引入 CNT 不会改变 SAPO-34 的分子筛结构。此外,从图中可观察到 CuCe/CNT$_{0.5}$-SAPO-34 的衍射峰强度显著增加,而 CuCe/CNT$_1$-SAPO-34 和 CuCe/CNT$_2$-SAPO-34 的衍射峰强度降低。结果表明,催化剂的晶化度首先增加,然后减少,这一结果与微孔比表面积和孔体积的变化趋势一致。此外,在图中并未观察到 CuO$_x$、CeO$_x$ 和 Cu 的衍射峰,这表明活性金属(Cu、Ce)在复合载体表面分散度较高。

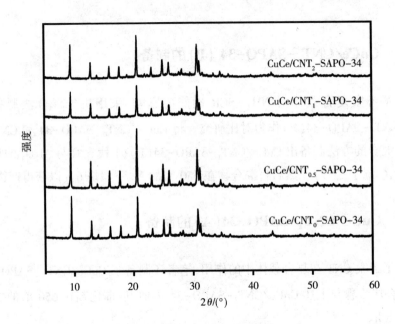

图 5.2　CuCe/CNT$_0$-SAPO-34、CuCe/CNT$_{0.5}$-SAPO-34、CuCe/CNT$_1$-SAPO-34、
CuCe/CNT$_2$-SAPO-34 的 XRD 图

5.3.2　N$_2$ 吸附-脱附分析

图 5.3 为 CuCe/CNT$_0$-SAPO-34、CuCe/CNT$_{0.5}$-SAPO-34、CuCe/CNT$_1$-SAPO-34 和 CuCe/CNT$_2$-SAPO-34 的 N$_2$ 吸附-脱附等温曲线,其结构参数如表 5.1 所示。所有合成样品均表现出 I 型和 IV 型曲线,在 $p/p_0 < 0.01$ 和 $0.40 <$

$p/p_0 < 0.90$ 的范围内出现两个陡峭的台阶, 表明 CuCe/CNT$_x$-SAPO-34 具有微孔-介孔结构。介孔结构有利于改善反应物和产物分子的扩散。此外, CuCe/CNT$_{0.5}$-SAPO-34 和 CuCe/CNT$_1$-SAPO-34 的 N$_2$ 吸附量高于 CuCe/CNT$_0$-SAPO-34 和 CuCe/CNT$_2$-SAPO-34, 表明 CuCe/CNT$_{0.5}$-SAP0-34 和 CuCe/CNT$_1$-SAPO-34 的粒径小于 CuCe/CNT$_0$-SAPO-34, 由此导致其具有更大的比表面积 (568 m$^2 \cdot$ g^{-1} 和 561 m$^2 \cdot$ g^{-1}) 和更小的介孔体积 (0.08 cm$^3 \cdot$ g^{-1} 与 0.07 cm$^3 \cdot$ g^{-1}), 如表 5.1 所示。值得注意的是, CuCe/CNT$_1$-SAPO-34 显示出比其他催化剂更大的介孔表面积 (48.6 m$^2 \cdot$ g^{-1})。

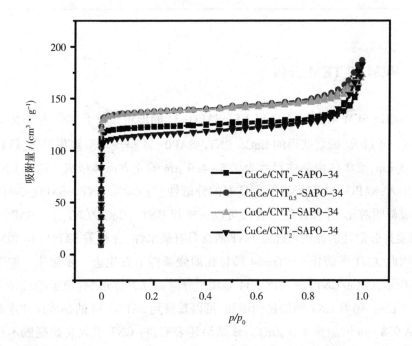

图 5.3　CuCe/CNT$_0$-SAPO-34、CuCe/CNT$_{0.5}$-SAPO-34、CuCe/CNT$_1$-SAPO-34 和 CuCe/CNT$_2$-SAPO-34 的 N$_2$ 吸附-脱附曲线

表 5.1　不同催化剂的孔结构参数及元素组成

催化剂	$S_{BET}/$ (m² · g⁻¹)	$S_{micro}/$ (m² · g⁻¹)	$S_{meso}/$ (m² · g⁻¹)	$V_{total}/$ (cm³ · g⁻¹)	$V_{micro}/$ (cm³ · g⁻¹)	$V_{meso}/$ (cm³ · g⁻¹)	Cu/ %	Ce/ %
CuCe/CNT$_0$-SAPO-34	507	473	34	0.28	0.17	0.11	1.95	4.00
CuCe/CNT$_{0.5}$-SAPO-34	568	528	40	0.28	0.20	0.08	0.95	2.10
CuCe/CNT$_1$-SAPO-34	561	512	49	0.26	0.19	0.07	2.30	5.10
CuCe/CNT$_2$-SAPO-34	468	420	48	0.27	0.16	0.11	2.26	4.84

5.3.3　SEM 和 TEM 分析

笔者通过 SEM 来表征 CuCe/CNT$_x$-SAPO-34 的形貌和粒子大小,结果如图 5.4 所示。通过 N$_2$ 煅烧获得的 CuCe/CNT$_0$-SAP0-34 呈现球形聚集形态,粒径为 25~35 μm,聚集体由晶体尺寸为 2.5~4.0 μm 的立方晶体组成。随着 CNT 的逐渐加入,SAPO-34 粒子展示出良好的分散性,与 CuCe/CNT$_0$-SAPO-34 的团聚形成鲜明对比,并且在颗粒表面可以观察到 CNT。CuCe/CNT$_{0.5~2}$-SAPO-34 具有良好分散性的原因可能是 CNT 通常具有疏水性,并覆盖 SAPO-34 颗粒表面。因此,CNT 可防止 SAPO-34 颗粒在煅烧条件下发生进一步聚集。如图 5.4(b)所示,CuCe/CNT$_{0.5}$-SAPO-34 呈现出分散的立方体形貌,粒子的粒径为 0.7~1.2 μm。随着 CNT 添加量的增加,可以观察到 SAPO-34 的晶体尺寸逐渐增加(从 0.8 μm 增加到 9.0 μm)。该结果还表明,将 CNT 引入初始凝胶不仅不会影响 SAPO-34 的形成,还在一定程度上提高了 SAPO-34 的结晶度。如图 5.4(e)和图 5.4(f)所示,在 SAPO-34 和 CNT 载体上可以观察到一些 Cu 和 Ce 物种,证明在 SAPO-34 和 CNT 上成功负载了一些纳米级活性组分。

（a）

（b）

（c）

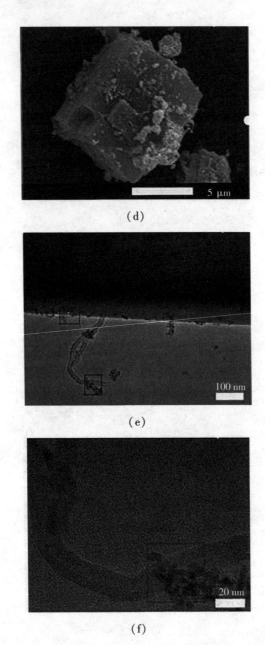

(d)

(e)

(f)

图 5.4　(a) CuCe/CNT$_0$-SAPO-34、(b) CuCe/CNT$_{0.5}$-SAPO-34、
(c) CuCe/CNT$_1$-SAPO-34、(d) CuCe/CNT$_2$-SAPO-34 的 SEM 图
和 (e)~(f) CuCe/CNT$_1$-SAPO-34 的 TEM 图

5.3.4　TG-IR 分析

图 5.5 为未煅烧的 $CuCe/CNT_0$-SAPO-34 和 $CuCe/CNT_1$-SAPO-34 的 TG-IR 图。在 TG 图中，$CuCe/CNT_0$-SAPO-34 和 $CuCe/CNT_1$-SAPO-34 出现三个明显的质量损失，并且 $CuCe/CNT_0$-SAPO-34 和 $CuCe/CNT_1$-SAPO-34 的热失重几乎相同。从相应的 IR 图中可观察到 NH_3（930 cm^{-1} 和 960 cm^{-1}）和 CO_2（660 cm^{-1} 和 2400～2250 cm^{-1}）的红外吸收峰，表明在 N_2 中随着温度的升高，从 $CuCe/CNT_0$-SAPO-34 和 $CuCe/CNT_1$-SAPO-34 中逸出 NH_3 和 CO_2。NH_3 由 DEA 和 TEPA 的分解产生，CO_2 主要由残余有机物的分解产生。这表明大部分 DEA 和 TEPA 在 N_2 中于 650 ℃下分解，而 CNT 保持良好。此外，由于 SAPO-34 出色的热稳定性，即使在 650 ℃下，分子筛的结构也不会被破坏。

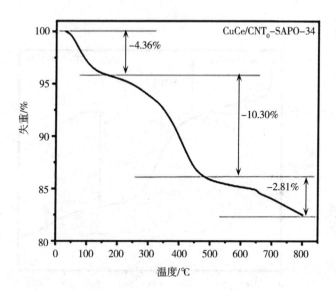

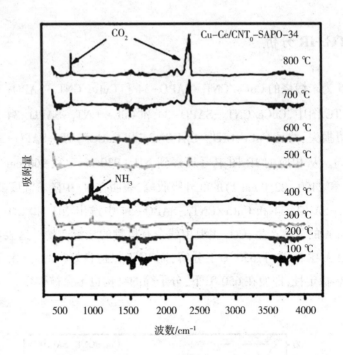

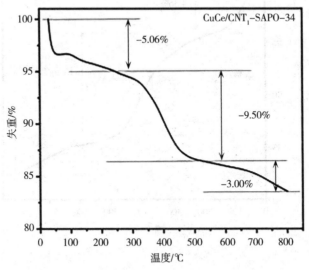

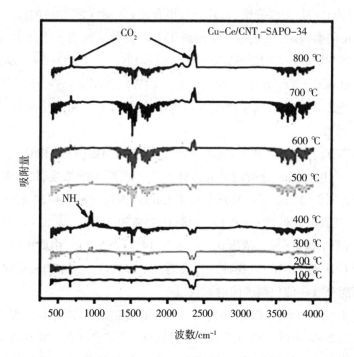

图 5.5 (a) CuCe/CNT$_0$-SAPO-34 和 (b) CuCe/CNT$_1$-SAPO-34

在 N$_2$ 中随着温度升高的 TG-IR 图

5.3.5 XPS 分析

笔者通过 XPS 表征 CuCe/CNT$_x$-SAPO-34 上活性位点的表面状态信息（图 5.6）。图 5.6(a) 为所有催化剂的 Cu 2p XPS 光谱。结合能在 934.0 eV 处的峰归属于四配位的 Cu^{2+}。结合能在 939.2~945.7 eV 范围内出现卫星峰，也证明了催化剂表面上存在大量 Cu^{2+}。如表 5.2 所示，CuCe/CNT$_0$-SAPO-34 和 CuCe/CNT$_1$-SAPO-34 上的 Cu^{2+}/Cu$_{suf}$ 大于 CuCe/CNT$_{0.5}$-SAPO-34 和 CuCe/CNT$_2$-SAPO-34。大量的 Cu^{2+}有利于促进 NO 转化为 NO$_2$，以增强 NH$_3$-SCR 催化活性。同时，CuCe/CNT$_0$-SAPO-34 和 CuCe/CNT$_1$-SAPO-34 上的表面铜浓度低于 CuCe/CNT$_{0.5}$-SAPO-34 和 CuCe/CNT$_2$-SAPO-34。这一结果表明，CuCe/CNT$_{0.5}$-SAPO-34 和 Cu/CNT$_2$-SAPO-34 表面存在大量的 CuO。

图 5.6(b) 为 Ce 3d XPS 光谱,将其分峰拟合成 Ce^{3+} 和 Ce^{4+} 物种的峰。其中 Ce^{3+} 的拟合峰用阴影表示,其他拟合峰归属于 Ce^{4+} 物种。如表 5.2 所示,Ce^{3+}/Ce_{suf} 的增加顺序为 $CuCe/CNT_0-SAPO-34 < CuCe/CNT_{0.5}-SAPO-34 < CuCe/CNT_2-SAPO-34 < CuCe/CNT_1-SAPO-34$。由此可以看出,$CuCe/CNT_1-SAPO-34$ 表面上 Ce^{3+} 的量最高,Ce^{3+} 有利于产生大量的氧空穴和不饱和的化学键,从而提高 NH_3-SCR 活性。

值得注意的是,XPS 和 ICP-MS 两种表征方法测定的 Cu 和 Ce 含量存在较大差异,这是由于 XPS 分析的是固体样品中表面原子的浓度,ICP-MS 分析的是样品中金属组分的含量。特别是对于 $CuCe/CNT_{0.5}-SAPO-34$ 来说这种情况尤为明显,其具有较低的 Cu 和 Ce 含量(0.95% 和 2.10%,表 5.1)和较高的 Cu 和 Ce 表面原子含量(原子浓度 0.15% 和 1.14%,表 5.2)。由此可以看出,在初始凝胶中 CNT 对 Cu 和 Ce 物种进行吸附,$CuCe/CNT_{0.5}-SAPO-34$ 的大部分活性成分可能分散在催化剂表面的 CNT 上。

如图 5.6(c) 所示,催化剂的 O 1s 光谱可拟合出两组峰。结合能位于 531.9~532.2 eV 的谱带归因于表面吸附氧 O_α,而结合能在 530.6~530.8 eV 处的另一组峰归属于晶格氧 O_β。表面化学吸附氧被认为是一种高活性氧物种,这是由于化学吸附氧比晶格氧具有更快的迁移率,有利于氧化反应。如表 5.2 所示,可以注意到 $CuCe/CNT_1-SAPO-34$ 上的 $O_\alpha/(O_\alpha+O_\beta)$ 值(47.5%)高于其他催化剂,表明 CNT 的引入增加了化学吸附氧物种的浓度。

表 5.2　不同催化剂的表面组成

催化剂	原子含量		原子比		
	Cu/ %	Ce/ %	Cu^{2+}/Cu_{suf}	Ce^{3+}/Ce_{suf}	$O_\alpha/ (O_\alpha+O_\beta)$
$CuCe/CNT_0-SAPO-34$	0.10	0.54	62.3	40.0	26.8
$CuCe/CNT_{0.5}-SAPO-34$	0.15	1.14	38.0	42.6	33.7
$CuCe/CNT_1-SAPO-34$	0.08	0.81	51.6	47.9	47.5
$CuCe/CNT_2-SAPO-34$	0.21	1.03	39.6	44.2	41.2

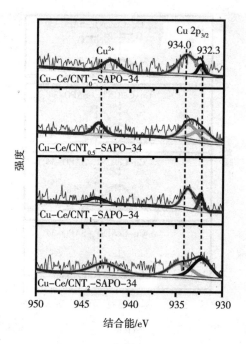

（a）

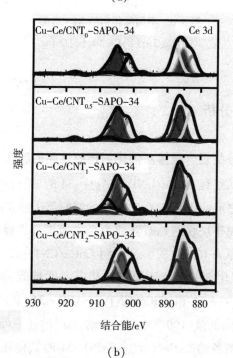

（b）

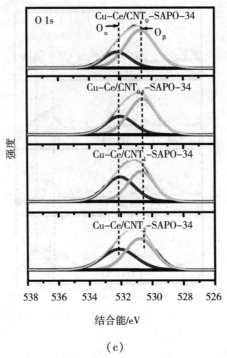

（c）

图 5.6　不同催化剂的 XPS 谱图

（a）Cu 2p；（b）Ce 3d；（c）O 1s

5.3.6　H_2-TPR 分析

采用 H_2-TPR 分析复合载体对催化剂还原性能的影响，相应结果如图 5.7 所示。从图中可以观察到，CuCe/CNT_x-SAPO-34 的 H_2-TPR 曲线中有三个不同的还原峰。根据之前的研究，200 ℃左右的峰归属于孤立的 Cu^{2+} 还原为 Cu^+，350~500 ℃的峰归属于块状的 CuO 还原为 Cu^0，高温还原峰（>500 ℃）与 Cu^+ 还原为 Cu^0 或 Ce^{4+} 还原为 Ce^{3+} 有关。这表明 CuCe/CNT_x-SAPO-34 中存在不同类型的 Cu 物种。催化剂的氧化还原峰的相应温度越低，氧化还原能力越强。与 CuCe/CNT_0-SAPO-34 和 CuCe/CNT_1-SAPO-34（P）相比，CuCe/CNT_1-SAPO-34 的还原峰向低温（199 ℃）方向移动，Cu^{2+} 的还原峰强度也更高。这表明通过一锅水热法制备的 CuCe/CNT_1-SAPO-34 的氧化还原能力最强。这是由于 CuCe/CNT$_1$-SAPO-34 引入一定量的 CNT 后,负载了更多的 Cu 和 Ce 活性组分。还原能力越强越有利于 NO 氧化,有利于促进低温下的 NH$_3$-SCR 反应。

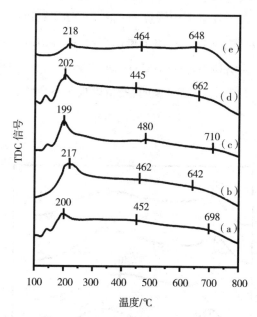

图 5.7　(a) CuCe/CNT$_0$-SAPO-34、(b) CuCe/CNT$_{0.5}$-SAPO-34、(c) CuCe/CNT$_1$-SAPO-34、(d) CuCe/CNT$_2$-SAPO-34 和 (e) CuCe/CNT$_1$-SAPO-34 (P) 的 H$_2$-TPR 曲线图

5.3.7　NH$_3$-TPD 分析

反应物 NH$_3$ 的活化和催化剂的表面酸性对 NH$_3$-SCR 反应具有重要影响,因此利用 NH$_3$-TPD 分析 CuCe/CNT$_x$-SAPO-34 的酸性,如图 5.8 所示。所有新鲜催化剂的 NH$_3$-TPD 曲线在较宽温度范围内出现两个明显的 NH$_3$ 脱附峰:在 175~200 ℃左右的 NH$_3$ 脱附峰表示弱酸中心,另外在 400~450 ℃的 NH$_3$ 脱附峰表示强酸中心,强酸中心源于 SAPO-34 分子筛载体。与未添加 CNT 的 CuCe/CNT$_0$-SAPO-34 相比,一步合成的 CuCe/CNT$_{0.5~2}$-SAPO-34 的 NH$_3$ 脱附峰,以及通过机械混合方法制备的 CuCe/CNT$_1$-SAPO-34(P) 的 NH$_3$ 脱附峰向低温方向移动,表明 NH$_3$ 物种更容易被活化,活化的氨物种再参与 NH$_3$-SCR 反应中。NH$_3$ 脱附峰的强度可用于酸位点的定量分析。值得注意的是,

CuCe/CNT$_1$-SAPO-34 的 NH$_3$ 脱附峰强度最强。结合催化剂的 NH$_3$-SCR 结果,由于 CuCe/CNT$_1$-SAPO-34 的 NH$_3$-SCR 反应活性高于 CuCe/CNT$_0$-SAPO-34,因此可以推断弱酸中心是催化剂的主要反应位点。为了进一步考察酸中心的可接近性,笔者制备了在空气中煅烧的 CuCe/CNT$_1$-SAPO-34(A),并与其他催化剂的 NH$_3$-TPD 进行对比。从图中可以看出,CuCe/CNT$_1$-SAPO-34(A)的NH$_3$ 脱附峰移动到比 CuCe/CNT$_1$-SAPO-34 更低的温度,而脱附峰的强度与CuCe/CNT$_1$-SAPO-34 接近。结果表明,残留模板剂不会减弱 SAPO-34 微孔中酸中心的可及性。

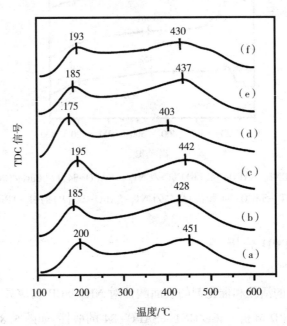

图 5.8　新鲜(a) CuCe/CNT$_0$-SAPO-34、(b) CuCe/CNT$_{0.5}$-SAPO-34、
(c) CuCe/CNT$_1$-SAPO-34、(d) CuCe/CNT$_1$-SAPO-34 (A)、
(e) CuCe/CNT$_2$-SAPO-34 和(f) CuCe/CNT$_1$-SAPO-34 (P)的 NH$_3$-TPD 曲线图

为了研究催化剂的抗 H$_2$O 和 SO$_2$ 性,在不进行预处理的情况下进行NH$_3$-TPD 实验,并且将评价的催化剂在 NH$_3$-SCR 反应中被 $1×10^6$ SO$_2$ 和 5%H$_2$O 中毒化 8 h。表征结果如图 5.9 所示,毒化催化剂的 NH$_3$-TPD 曲线与新鲜

催化剂的曲线相似,而毒化催化剂的 NH$_3$-TPD 曲线中可以观察到另一个 NH$_3$ 脱附峰(360 ℃),该脱附峰可能归属于硫酸铵物质的分解,毒化的 CuCe/CNT$_1$-SAPO-34 的 NH$_3$ 脱附峰(360 ℃附近)位置比其他催化剂温度更低,表明在 H$_2$O 和 SO$_2$ 的存在下,毒化的 CuCe/CNT$_1$-SACO-34 上的 NH$_3$ 物种更容易被活化。因此,在低温下,CuCe/CNT$_1$-SACO-34 具有更强的抗 H$_2$O 和 SO$_2$ 性。

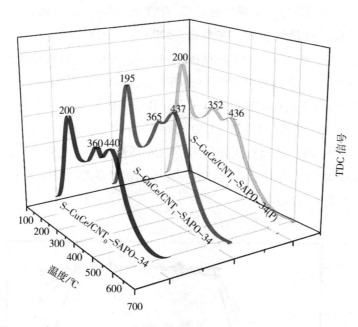

图 5.9　**毒化后的 S-CuCe/CNT$_0$-SAPO-34、S-CuCe/CNT$_1$-SAPO-34、**
S-CuCe/CNT$_1$-SAPO-34 (P)的 NH$_3$-TPD 曲线图

5.3.8　NH$_3$-SCR 活性评价

图 5.10(a)为不同 CNT 添加量的 CuCe/CNT$_0$-SAPO-34、CuCe/CNT$_{0.5}$-SAPO-34、CuCe/CNT$_1$-SAPO-34 和 CuCe/CNT$_2$-SAPO-34 的 NO$_x$ 转化率随温度变化曲线。为了研究复合载体对 NH$_3$-SCR 反应的影响,笔者还表征了机械混合法制备的 CuCe/CNT$_1$-SAPO-34(P)在不同温度下的 NO$_x$ 转化率。

CuCe/CNT$_x$-SAPO-34 和 CuCe/CNT$_1$-SAPO-34(P)在 200~400 ℃温度范围内 NO$_x$ 转化率高于 90%，而 CuCe/CNT$_1$-SAPO-34 在低温（<200 ℃）和高温（>400 ℃）区表现出比 CuCe/CNT$_0$-SAPO-34、CuCe/CNT$_{0.5}$-SAPO-34、CuCe/CNT$_2$-SAPO-34 和 CuCe/CNT$_1$-SAPO-34(P)更高的 NH$_3$-SCR 活性。对于 CuCe/CNT$_1$-SAPO-34(P)，从 200 ℃开始，NO$_x$ 转化率高于 90%，但当温度>400 ℃时，NO$_x$ 转化率急剧下降。为了进一步考察介孔结构对 NH$_3$-SCR 反应活性的影响，笔者将在空气中煅烧的 CuCe/CNT$_1$-SAPO-34(A)进行 NH$_3$-SCR 反应评价，从而进行活性比较。在低温（<200 ℃）条件下，CuCe/CNT$_1$-SAPO-34(A)的性能优于 CuCe/CNT$_1$-SAPO-34。这一结果更有利地证明了 CuCe/CNT$_1$-SAPO-34(A)具有由 CNT 形成的介孔，可有效降低内部扩散阻力，并且有利在低温条件下反应物和产物分子在介孔中的扩散。CuCe/CNT$_1$-SAPO-34 具有一定的介孔结构，但由于 SAPO-34 中 CNT 的掺杂，介孔量减少。因此，CuCe/CNT$_1$-SAPO-34 具有优异的 NH$_3$-SCR 活性可能是由于 CNT 和 SAPO-34 具有复合载体结构，并且 CNT 可以在低温下提供更多的吸附位点并有利于降低反应物或产物的传质阻力。

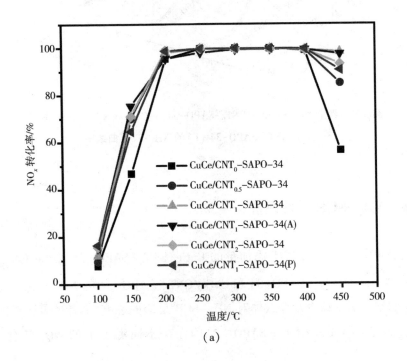

（a）

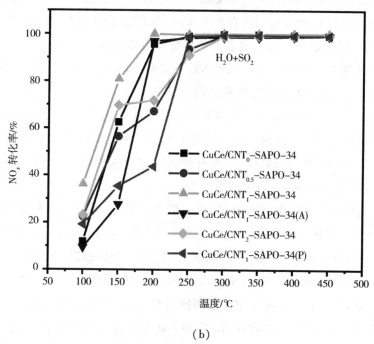

（b）

图 5.10　不同催化剂的 NO_x 转化率随温度变化曲线

（a）无 SO_2；（b）含 H_2O 和 SO_2

　　此外,笔者对 $CuCe/CNT_0$-SAPO-34、$CuCe/CNT_{0.5}$-SAPO-34、$CuCe/CNT_1$-SAPO-34、$CuCe/CNT_1$-SAPO-34（A）、$CuCe/CNT_2$-SAPO-34 和 $CuCe/CNT_1$-SAPO-34（P）的抗 H_2O 和抗 SO_2 性进行评价,来模拟在真实 NH_3-SCR 反应条件下催化剂的反应活性。先前的研究结果表明,在 H_2O 和 SO_2 共存的环境下,H_2O 和 SO_2 将与 NH_3 反应形成硫酸氢铵。硫酸氢铵需要在 300 ℃ 以上才能分解。SO_2 将与铜离子反应,生成更稳定的硫酸氢铜或者硫酸盐,硫酸氢铜或者硫酸盐需要在 750 ℃ 高温才能分解。如果这些硫酸盐物种没有及时分解或脱离催化剂表面,则会堵塞催化剂的孔道并降低其催化活性。稀土元素 Ce 有利于降低覆盖在催化剂表面的硫酸盐物种的热稳定性,从而促进其分解。Ce 还可以显著改善催化剂的低温性能并拓宽温度窗口。如图 5.10（b）所示,由于在低温环境下引入 H_2O 和 SO_2,NO_x 转化率受到负面影响（≤ 300 ℃）。$CuCe/CNT_x$-SAPO-34（$x = 0$、0.5、2）和 $CuCe/CNT_1$-SAPO-34（P）的 NH_3-SCR 性能较差。

值得注意的是，CuCe/CNT$_1$-SAPO-34 在 100～200 ℃ 的低温区间，NO$_x$ 的转化率明显增加。在 H$_2$O 和 SO$_2$ 同时存在下，CuCe/CNT$_1$-SAPO-34 表现出优异的 NH$_3$-SCR 活性可能是由于催化剂表面的硫酸盐重新生成了酸性位，可以减少 NH$_3$ 直接氧化为 N$_2$ 或 NO。与 CuCe/CNT$_1$-SAPO-34 相比，不含 CNT 的 CuCe/CNT$_1$-SAPO-34（A）也表现出较低的催化活性。这表明按特定比例制备的 CNT 和 SAPO-34 复合载体有助于提高催化剂的抗 H$_2$O 和 SO$_2$ 性。CuCe/CNT$_1$-SAPO-34 优异的抗 H$_2$O 和 SO$_2$ 性可能是由于 CNT 和 SAPO-3 具有的复合载体结构。复合载体中酸性 SAPO-34 具有较强的 NH$_3$ 吸附能力，CNT 在低温下具有较高的吸附能力和抗 H$_2$O 和抗 SO$_2$ 性。

SO$_2$ 影响机动车尾气中 NH$_3$-SCR 反应的催化活性，尤其对于铜基分子筛催化剂影响更为明显。笔者在 250 ℃ 下评价催化剂 CuCe/CNT$_0$-SAPO-34 和 CuCe/CNT$_1$-SAPO-34 的抗 SO$_2$ 性。如图 5.11 所示，当向原料气中引入 $1×10^6$ SO$_2$ 时，CuCe/CNT$_0$-SAPO-34 的 NO$_x$ 转化率从 98.4% 降至 88.6%。然而，当原料气中 SO$_2$ 被切断时，NO$_x$ 转化率又逐渐提高至 94%，但是不能恢复到原始水平。相比之下，CuCe/CNT$_1$-SAPO-34 的 NO$_x$ 转化率在 $1×10^6$ SO$_2$ 存在的情况下从 99.4% 增加至 100%，在原料气中切断 SO$_2$ 后又逐渐降低至 99.3%。结果表明，CuCe/CNT$_1$-SAPO-34 表现出比 CuCe/CNT$_0$-SAPO-34 更高的抗 SO$_2$ 性，这可归因于 CNT-SAPO-34 复合载体为活性位点提供了独特的化学反应环境。经文献证明，CNT 管载体可以降低硫酸铵的分解温度。为了进一步研究被 SO$_2$ 污染后催化剂中活性金属的化学状态，笔者使用 XPS 对表面物种进行分析（图 5.12）。与新鲜催化剂相比，在做完抗 SO$_2$ 测试（表 5.3）后，由于 SO$_2$ 毒化作用的影响，相应反应的催化剂上 Cu^{2+}/Cu$_{suf}$ 和 Ce^{3+}/Ce$_{suf}$ 降低。值得注意的是，CuCe/CNT$_0$-SAPO-34 的 Cu^{2+}/Cu$_{suf}$ 和 Ce^{3+}/Ce$_{suf}$ 的下降趋势比 CuCe/CNT$_1$-SAPO-34 更为显著，这表明具有 CNT 和 SAPO-34 复合载体结构的催化剂的抗 SO$_2$ 性更强。

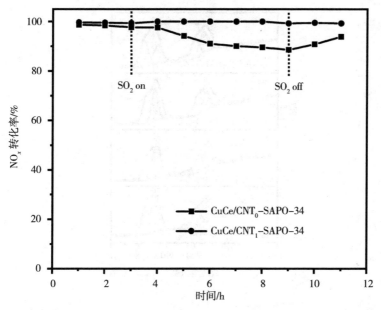

图 5.11　在温度为 250 ℃时 CuCe/CNT$_0$–SAPO–34 和 CuCe/CNT$_1$–SAPO–34 的抗 SO$_2$ 性

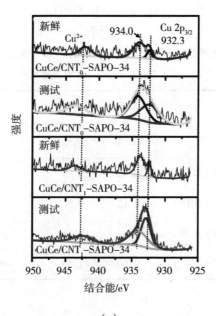

（a）

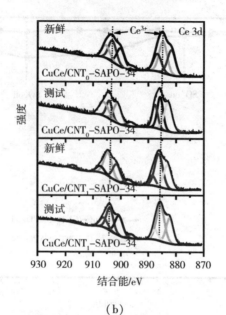

(b)

图 5.12　新鲜的和做完抗 SO_2 性测试的 $CuCe/CNT_0$-SAPO-34

和 $CuCe/CNT_1$-SAPO-34 的 XPS 谱图

（a）Cu 2p；（b）Ce 3d

表 5.3　新鲜的和做完抗 SO_2 性测试的 $CuCe/CNT_0$-SAPO-34

和 $CuCe/CNT_1$-SAPO-34 的表面组成

催化剂	原子含量		原子比	
	Cu/%	Ce/%	Cu^{2+}/Cu_{suf}	Ce^{3+}/Ce_{suf}
$CuCe/CNT_0$-SAPO-34（新鲜）	0.10	0.54	62.3	40.0
$CuCe/CNT_0$-SAPO-34（测试）	0.12	0.96	49.9	29.5
$CuCe/CNT_1$-SAPO-34（新鲜）	0.08	0.81	51.6	47.9
$CuCe/CNT_1$-SAPO-34（测试）	0.09	1.53	49.7	38.4

5.4　本章小结

以 CNT 和 SAPO-34 作为复合载体,通过一锅水热法制备了一系列具有不同 CNT 含量的 CuCe/CNT$_x$-SAPO-34 催化剂,并对 NH$_3$-SCR 反应进行了评价。为了对比,笔者还制备了机械混合的 CuCe/CNT$_1$-SAPO-34(P)催化剂。CuCe/CNT$_1$-SAPO-34 在 200~450 ℃的温度区间内显示出优异的 NH$_3$-SCR 活性。此外,H$_2$O 和 SO$_2$ 的引入对 CuCe/CNT$_1$-SAPO-34 的 NO$_x$ 转化率没有明显影响。XRD、N$_2$ 吸附-脱附、SEM、XPS、H$_2$-TPR 和 NH$_3$-TPD 表征结果表明,CNT 的加入可以提高 Cu^{2+}、Ce^{3+} 和表面化学吸附氧的分散度和负载量,这是由于 CNT 具有优异的吸附性能。值得注意的是,CuCe/CNT$_1$-SAPO-34 具有多级孔结构,这一结构有利于反应物和产物分子的扩散。此外在低温条件下,CuCe/CNT$_1$-SAPO-34 对 NH$_3$ 具有较高的还原性、吸附性和活化能力。因此,按一定比例制备的 CNT 和 SAPO-34 复合载体在 NH$_3$-SCR 反应中起到重要作用,但复合载体的协同效应需要进一步被研究和探索。

第6章 Ce基TS-1的合成及其NH₃-SCR性能研究

第6章　Ce基TS-1的合成
及其 NH₃-SCR 性能研究

6.1　引言

　　CeO_2 由于具有较高的储氧能力和优异的氧化还原性能,成为一种很有应用前景的 LT-SCR 添加剂和活性组分。据报道,CeW/Ti、CeMo/Ti、Ce/Ti 催化剂在较宽的温度窗口内均表现出优异的 NH_3-SCR 活性。然而,TiO_2 载体的热稳定性较差,在高温条件下,锐钛矿型的 TiO_2 易发生转晶,转变成金红石结构,与活性组分间的电子作用减弱,导致催化剂失活。

　　钛硅分子筛的成功开发成为 20 世纪 80 年代分子筛催化领域的里程碑,受到人们的广泛关注。Enichem 等人制备出的 TS-1 沸石分子筛为 MFI 结构,如图 6.1 所示,TS-1 具有十元环的孔道结构,Ti 原子进入 Si-O-Si 分子筛骨架后高度分散,形成孤立的-Si-O-Ti-O-Si-单元体。此外,不同于传统沸石分子筛中存在大量的骨架 Al,钛硅分子筛具有相对较高的水热稳定性等优点,故而在低温 NH_3-SCR 的研究及应用方面具有十分广阔的前景,据相关统计,钛硅多孔材料的外文研究报道呈现逐年递增的趋势。

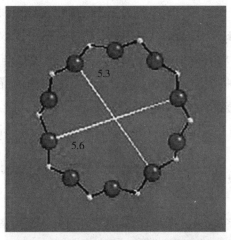

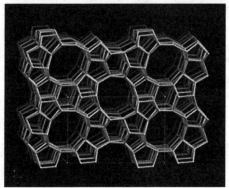

图 6.1　MFI 分子筛(010)晶面(a)结构图;(b)孔径尺寸图

本章采用浸渍法、离子交换法将活性组分 Cu/Ce、Mn/Ce 负载到 TS-1 沸石分子筛上,并考察其 NH_3-SCR 性能。在 NH_3-SCR 反应中,与 Mn-Ce/TiO_2 分子筛相比,利用浸渍法制备的 Mn-Ce 共掺的 TS-1 表现出了优异的低温催化活性。

6.2　实验部分

6.2.1　TS-1 分子筛的制备

以四丙基氢氧化铵(TPAOH)为模板剂,钛酸四丁酯(TBOT)为钛源,正硅酸乙酯(TEOS)为硅源合成 TS-1 型钛硅分子筛。起始前驱体凝胶的组成为：SiO_2 : TiO_2 : TPAOH : H_2O = 1 : 0.033 : 0.3 : 30。量取 5.63 mL TEOS 和 0.28 mL TBOT 搅拌均匀得到溶液 A，将 6.0 mL TPAOH 与 13.5 mL H_2O 搅拌均匀得到溶液 B，再将溶液 A 逐滴加入溶液 B 中，得到的混合溶液再继续搅拌 10 h。将混合物装釜晶化，在 200 ℃ 条件下晶化 48 h，再经离心、干燥处理后，550 ℃ 空气中煅烧 6 h，即得到了 TS-1 型钛硅分子筛，样品记作 TS-1。

6.2.2 Cu、Ce 负载 TS-1 的制备

离子交换法制备 Cu-Ce-TS-1(I)：首先将 TS-1 通过离子交换法制得氢型产物，TS-1 在 80 ℃ 水浴中用 1 mol·L^{-1} 的 NH_4NO_3 溶液交换 3 次，每次 6 h，然后在 500 ℃ 空气流中煅烧 6 h，得到氢型 H-TS-1。H-TS-1 与 0.0075 mol·L^{-1} $Cu(NO_3)_2$、0.0075 mol·L^{-1} $Ce(NO_3)_3$ 在 80 ℃ 水浴交换 2 h，交换 4 次，然后在 500 ℃ 空气流中煅烧 5 h，得到 Cu-Ce-TS-1(I)样品。

浸渍法制备 Cu-Ce-TS-1(D)：将 1 g TS-1 加入到 50 mL 0.015 mol·L^{-1} $Cu(NO_3)_2$ 和 50 mL 0.015 mol·L^{-1} $Ce(NO_3)_3$ 混合溶液中，在 80 ℃ 水浴中敞开搅拌至溶液蒸干，干燥后在空气流中煅烧，500 ℃ 煅烧 5 h，得到 Cu-Ce-TS-1 (D)样品。

6.2.3 Mn、Ce 负载 TS-1 的制备

离子交换法制备 Mn-Ce-TS-1(I)：首先将 TS-1 通过离子交换法得到氢型产物，制备过程同上，得到氢型 H-TS-1。将 H-TS-1 与 0.012 mol·L^{-1} $Mn(NO_3)_2$ 和 0.0075 mol·L^{-1} $Ce(NO_3)_3$ 在 80 ℃ 水浴交换 2 h，交换 4 次，然后在 500 ℃ 空气流中煅烧 5 h，得到 Mn-Ce-TS-1(I)样品。

浸渍法制备 Mn-Ce-TS-1(D)：将 1g TS-1 加入到 50 mL 0.024 mol·L^{-1} $Mn(NO_3)_2$ 和 50 mL 0.015 mol·L^{-1} $Ce(NO_3)_3$ 混合溶液中，在 80 ℃ 水浴中敞开搅拌至溶液蒸干，干燥后在 500 ℃ 空气流中煅烧 5 h，得到 Mn-Ce-TS-1(D)样品。

为了作对比，笔者利用浸渍法制备以 TiO_2 为载体的 Mn-Ce-TiO_2(D)催化

剂,制备过程同上。

6.3　结果与讨论

6.3.1　TS-1 分子筛的结构分析

从图 6.2 可以看出,TS-1 在 2θ 为 7.9°、8.8°、23.1°、23.9°、24.4°处出现的衍射峰为典型的 MFI 结构,并且峰强度较强,峰形较好,结晶度较高。

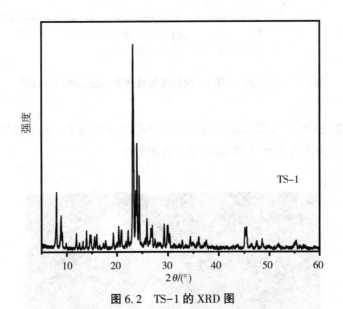

图 6.2　TS-1 的 XRD 图

从图 6.3 中可以观察到,曲线为典型 I 型等温线,在 $p/p_0 < 0.02$ 时出现突跃,表明 TS-1 具有微孔结构。p/p_0 在 0.9~1.0 区间,N_2 吸附量急剧增加。TS-1 的比表面积为 440.8 $m^2 \cdot g^{-1}$,孔容为 0.47 $cm^3 \cdot g^{-1}$,从孔径分布图中可以看出,孔径约为 0.368 nm。

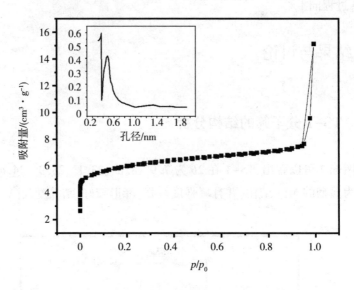

图 6.3　TS-1 的 N$_2$ 吸附-脱附等温曲线及相应的孔径分布图

TS-1 的 SEM 图如图 6.4 所示,从图中可以观察到 TS-1 呈典型的糖块状形貌,粒子的大小为 0.2~0.3 mm,粒子表面光滑。

图 6.4　TS-1 的 SEM 图

6.3.2 Ce 基 TS-1 的结构分析

Cu-Ce-TS-1(I)、Cu-Ce-TS-1(D)、Mn-Ce-TS-1(I)、Mn-Ce-TS-1(D)
和 Mn-Ce-TiO₂(D)的 XRD 图如图 6.5 所示。从图中可以观察到,Cu-Ce-TS-1
(I)、Cu-Ce-TS-1(D)、Mn-Ce-TS-1(I)、Mn-Ce-TS-1(D)经过负载活性组分
后,其 MFI 结构仍然保持完好。浸渍法制备的 Cu-Ce-TS-1(D)和 Mn-Ce-TS-
1(D)衍射峰强度明显弱于离子交换法制备的 Cu-Ce-TS-1(I)和 Mn-Ce-TS-1
(I),结晶度降低的原因可能是浸渍法将 Cu、Ce、Mn 负载到 TS-1 上,活性组分
的负载量较大,从而对 TS-1 载体的晶化度影响较大。从 Cu-Ce-TS-1(D)的衍
射峰还可以观察到纳米 CuO、CeO₂ 的晶相,但在 Mn-Ce-TS-1(D)、Mn-Ce-
TiO₂(D)的 XRD 图中并未发现 Mn、Ce 组分的衍射峰,说明 Mn、Ce 活性组分在
载体上分散较好,Mn-Ce-TiO₂(D)只出现 TiO₂ 锐钛矿型衍射峰。

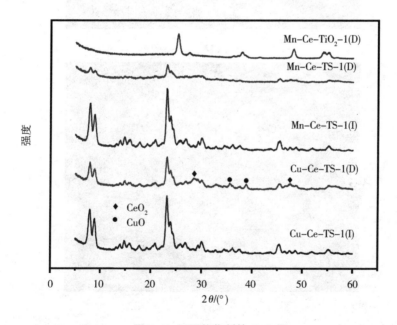

图 6.5 不同催化剂的 XRD 图

Cu-Ce-TS-1(I)和 Mn-Ce-TS-1(D)的 SEM 图如图 6.6 所示。从图中可

以观察到,Cu-Ce-TS-1(I)和 Mn-Ce-TS-1(D)的形貌与 TS-1 载体几乎相同,粒子呈糖块状,粒径大小为 0.2~0.3 μm,晶粒表面光滑,观察不到 Cu/Ce、Mn/Ce 物种的纳米粒子,说明活性组分在 Cu-Ce-TS-1(I)和 Mn-Ce-TS-1(D)中尺寸较小且分散较好。

图 6.6 (a)Cu-Ce-TS-1(I)和(b)Mn-Ce-TS-1(D)的 SEM 图

Cu-Ce-TS-1(I)和 Mn-Ce-TS-1(D)的元素组成如表 6.1 所示。从表中可

以看出,利用离子交换法制备的 Cu-Ce-TS-1(I)中 Cu、Ce 的含量分别为 0.65%和 0.97%,利用浸渍法制备的 Mn-Ce-TS-1(D)中 Mn、Ce 的含量分别为 1.55%和 3.88%。利用浸渍法制备的样品活性组分负载量明显高于离子交换法,为了考察活性组分的分散性,笔者对合成的催化剂进行了 TEM 表征。

表 6.1　Cu-Ce-TS-1(I)和 Mn-Ce-TS-1(D)的元素组成

催化剂	元素含量/%		
	Mn	Cu	Ce
Cu-Ce-TS-1(I)	—	0.65	0.97
Mn-Ce-TS-1(D)	1.55	—	3.88

图 6.7 为 Cu-Ce-TS-1(I)和 Mn-Ce-TS-1(D)的 TEM 图,从图中可以观察到,Cu-Ce-TS-1(I)和 Mn-Ce-TS-1(D)的粒子呈糖块状,与 SEM 表征结果一致,粒子的尺寸为 0.2~0.3 μm,TS-1 表面并未观察到活性组分纳米粒子,说明离子交换法制备的 Cu-Ce-TS-1(I)和浸渍法制备的 Mn-Ce-TS-1(D)活性组分的分散性较好,有利于 NH₃-SCR 催化反应,这一结果与 XRD 表征结果一致。

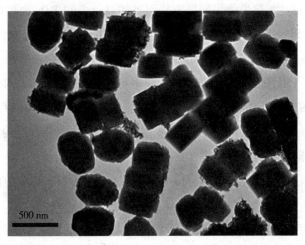

(a)

（b）

图 6.7 （a）Cu-Ce-TS-1(I)和(b)Mn-Ce-TS-1(D)的 TEM 图

6.3.3 Ce 基 TS-1 的 NH$_3$-SCR 反应活性评价结果

图 6.8 为以 TS-1 为载体不同方法制备的 Cu/Ce、Mn/Ce 分子筛催化剂在 NH$_3$-SCR 反应中 NO$_x$ 转化率随温度变化曲线。为了考察 TS-1 载体在 NH$_3$-SCR 过程中的作用,笔者将用同样方法制备的以传统的 TiO$_2$ 为载体的 Mn-Ce-TiO$_2$(D)催化剂应用于 NH$_3$-SCR 反应中。从图中可以观察到,利用浸渍法制备的 Mn-Ce-TS-1(D)表现出较为优异的催化活性。值得一提的是,Mn-Ce-TS-1(D)在低温(150 ℃)条件下的 NO$_x$ 转化率可达 99%,高于 Mn-Ce-TiO$_2$(D)的 NO$_x$ 转化率(97%)。Mn-Ce-TS-1(D)其热稳定性要高于 Mn-Ce-TiO$_2$(D),TiO$_2$ 在高温条件下易发生转晶,生成催化活性较弱的金红石结构。另外,不同活性组分、不同制备方法合成的 TS-1 的 NO$_x$ 转化率在低温(150 ℃)条件下也存在差异,其转化率排序依次为:Mn-Ce-TS-1(D) > Mn-Ce-TiO$_2$(D) > Cu-Ce-TS-1(D) > Mn-Ce-TS-1(I) > Cu-Ce-TS-1(I)。这些 NH$_3$-SCR 反应催化活性方面存在差异,Mn/Ce 催化活性高于 Cu/Ce,浸渍法制备的催化剂活性高于离子交换法,这可能和活性组分的负载量、分散性、还原性及其状态有关。

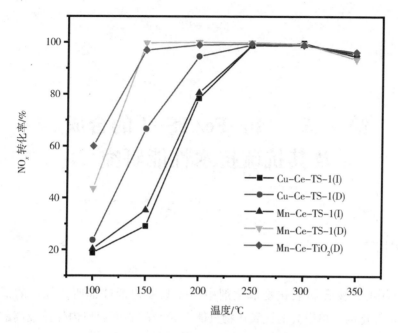

图 6.8　不同催化剂的 NO$_x$ 转化率随温度变化曲线

6.4　本章小结

本章以不同活性组分、不同合成方法制备了 Ce 基 TS-1 催化剂。对比传统的以 TiO$_2$ 为载体的 Mn-Ce-TiO$_2$(D), Mn-Ce-TS-1(D) 在 NH$_3$-SCR 反应中表现出更高的 NO$_x$ 转化率。另外, Mn-Ce 掺杂的 TS-1 活性高于 Cu-Ce 掺杂的 TS-1, 分析其原因可能与活性组分的还原性及其状态有关。浸渍法制备的催化剂活性高于离子交换法制备的催化剂, 主要与活性组分的负载量及分散性有关。Mn-Ce-TS-1(D) 活性组分的负载量相对较高且分布较均匀。

第 7 章　Mn-Fe/TS-1 的合成及其抗硫抗水性能研究

7.1　引言

在常用的过渡金属氧化物催化剂中,Mn 基催化剂被证明是优良的低温 NH_3-SCR 催化剂。单组分的锰氧化物只能在较窄的温度窗口内保持较高的脱氮活性,并伴有一些副反应。因此,许多金属(如 Fe、Ce 和 Cu)被用作活性组分来修饰 Mn 基催化剂,从而提高 NH_3-SCR 性能。

据报道,silicalite-1 分子筛作为载体在 NH_3-SCR 反应中表现出优异的抗 H_2O 性,这是由于 silicalite-1 分子筛中没有杂原子而导致其亲水性降低。然而,与 ZSM-5 相比,silicalite-1 的表面酸性弱,而酸性在低温 NH_3-SCR 反应中起着关键作用。据报道,Ti 原子取代了少量的 Si 原子,以改善表面酸性并保持优异的抗 H_2O 性,因此有利于低温 NH_3-SCR 反应。

本章利用一步水热法制备了 Mn、Fe 负载的 TS-1 催化剂,该催化剂具有高度分散的 MnO_x 和 FeO_x 纳米粒子,并且在低温 NH_3-SCR 反应中表现出较好的脱硝性能及较强的抗 H_2O 和抗 SO_2 性。这是由于 Ti 物种的引用,不但不会改变分子筛的结构,而且会提高分子筛的酸性。在合成过程中金属配合剂的添加使分子筛载体具有一定的微孔-介孔结构,从而改善反应物分子的传质过程。

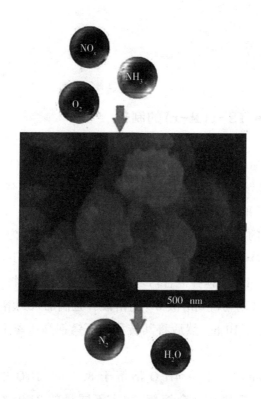

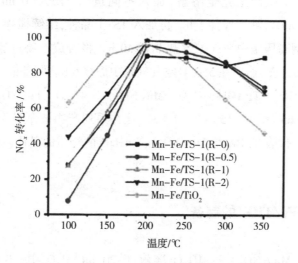

图 7.1　Mn-Fe/TS-1 的形貌及 NH₃-SCR 性能示意图

7.2 实验部分

7.2.1 Mn-Fe/TS-1(R-x)的制备

以钛酸四丁酯(98%,TBOT)作为钛源,正硅酸四乙酯(99%,TEOS)作为硅源,四丙基氢氧化铵(25%,TPAOH)作为有机模板剂,四乙烯基五胺(TEPA)作为配合剂,硝酸锰和硝酸铁作为金属来源。

TS-1 晶种的合成,初始前驱体凝胶物质的量比为:5 SiO_2:0.1665 TiO_2TPAOH:H_2O=5:0.1665:1.5:150。合成步骤如下:首先,将 5.63 mL TEOS 和 0.28 mL TBOT 搅拌混合均匀得到溶液 A。然后,将 6.0 mL TPAOH 与 13.5 mL H_2O 搅拌均匀得到溶液 B。将溶液 A 逐滴加入到溶液 B 中,得到的混合溶液再继续搅拌 10 h。然后将其转移到不锈钢高压釜中 200 ℃ 水热晶化 8 h。

将 1.27 g $Mn(NO_3)_2 \cdot 4H_2O$ 溶解于 8.5 mL H_2O 中,再加入 2.04 g $Fe(NO_3)_3 \cdot 9H_2O$ 搅拌至完全溶解,加入不同量的 TEPA(0 mL, 0.48 mL, 0.96 mL, 1.92 mL),继续搅拌 1 h。再加入 TS-1 晶种,继续搅拌 1 h。然后将其转移到不锈钢高压釜中 200 ℃ 水热晶化 40 h。将合成产物过滤并用蒸馏水洗涤,60 ℃ 干燥过夜,然后在 550 ℃ 空气气氛中煅烧 6 h。制备催化剂的物质的量比为:SiO_2:TiO_2:TPAOH:H_2O:$Mn(NO_3)_2 \cdot 4H_2O$:$Fe(NO_3)_3 \cdot 9H_2O$:TEPA=5:0.1665:1.5:150:1:1:x。这一系列产物被命名为 Mn-Fe/TS-1(R-x),其中 x 代表 TEPA 与 $Mn(NO_3)_2 \cdot 4H_2O$ 的物质的量比(x=0、0.5、1 和 2)。

7.2.2 Mn-Fe/TiO₂ 的制备

将 1.27 g $Mn(NO_3)_2 \cdot 4H_2O$ 溶解于 20 mL H_2O 中,再加入 2.04 g $Fe(NO_3)_3 \cdot 9H_2O$ 搅拌至完全溶解,再将 2.1 g P25(TiO_2)加入到溶液中,得到的混合物在 80 ℃ 水浴中蒸干,再将其放入烘箱中 90 ℃ 干燥过夜。然后在

500 ℃空气气氛中煅烧 5 h,得到 Mn-Fe/TiO₂ 催化剂。

7.3　结果与讨论

7.3.1　XRD 分析

图 7.2 为 Mn-Fe/TS-1(R-0)、Mn-Fe/TS-1(R-0.5)、Mn-Fe/TS-1(R-1)和 Mn-Fe/TS-1(R-2)的 XRD 图。从图中可以观察到,所有催化剂在 2θ 为 7.9°、8.8°、23.1°、23.8°和 24.3°处出现 MFI 结构衍射峰,添加 TEPA 后衍射峰的强度有所降低。表明在水热晶化和煅烧的条件下,在合成阶段添加的 TEPA 不会改变 TS-1 分子筛结构,但是会影响 TS-1 分子筛的结晶度。随着 TEPA 添加量的增加,催化剂的结晶度先降低后增加。此外,图中并未观察到金属氧化物的衍射峰,表明活性金属氧化物均匀地分散在 TS-1 载体上。

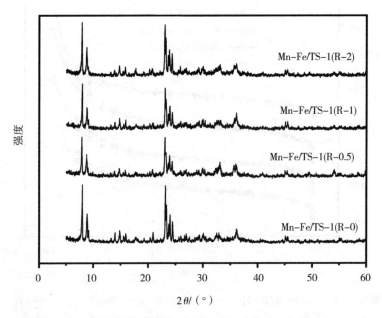

图 7.2　Mn-Fe/TS-1(R-0)、Mn-Fe/TS-1(R-0.5)、Mn-Fe/TS-1(R-1)

和 Mn-Fe/TS-1(R-2)的 XRD 图

7.3.2　N$_2$ 吸附-脱附分析

图 7.3 为 Mn-Fe/TS-1(R-0)、Mn-Fe/TS-1(R-0.5)、Mn-Fe/TS-1(R-1)
和 Mn-Fe/TS-1(R-2)的 N$_2$ 吸附-脱附等温曲线,其结构参数如表 7.1 所示。
所有合成样品均表现出 Ⅰ 型和Ⅳ型曲线,在 $p/p_0<0.01$ 和 $0.60<p/p_0<0.90$ 的范
围内出现两个陡峭的台阶,这表明 Mn-Fe/TS-1(R-x)具有微孔-介孔结构。介
孔结构有利于改善反应物和产物分子的扩散。此外,从表 7.1 的 ICP-MS 结果
可以看出,Mn-Fe/TS-1(R-2)的活性组分含量最高(Mn 为 3.9%,Fe 为
4.9%),表明添加适量的 TEPA 有利于增加活性组分的负载量,从而提高 NH$_3$-
SCR 催化反应活性。

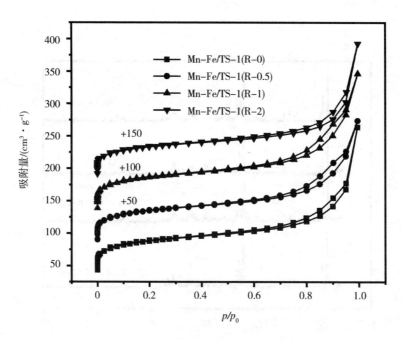

图 7.3　Mn-Fe/TS-1(R-0)、Mn-Fe/TS-1(R-0.5)、Mn-Fe/TS-1(R-1)
和 Mn-Fe/TS-1(R-2)的 N$_2$ 吸附-脱附曲线

表 7.1　不同催化剂的孔结构参数及元素组成

催化剂	$S_{BET}/$ $(\mathrm{m^2 \cdot g^{-1}})$	$S_{meso}/$ $(\mathrm{m^2 \cdot g^{-1}})$	$V_{total}/$ $(\mathrm{cm^3 \cdot g^{-1}})$	$V_{micro}/$ $(\mathrm{cm^3 \cdot g^{-1}})$	$V_{meso}/$ $(\mathrm{cm^3 \cdot g^{-1}})$	Mn/ %	Fe/ %
Mn-Fe/TS-1(R-0)	323	85	0.24	0.10	0.14	3.4	2.1
Mn-Fe/TS-1(R-0.5)	311	83	0.27	0.10	0.17	2.5	1.7
Mn-Fe/TS-1(R-1)	317	82	0.31	0.10	0.21	2.0	1.2
Mn-Fe/TS-1(R-2)	306	74	0.26	0.10	0.16	3.9	4.9

7.3.3　SEM 分析

笔者通过 SEM 来表征 Mn-Fe/TS-1(R-x)的形貌和粒子大小,结果如图 7.4 所示。煅烧获得的 Mn-Fe/TS-1(R-x)呈现颗粒状形态,粒子表面粗糙。Mn-Fe/TS-1(R-0)粒子的粒径为 400~700 nm,添加 TEPA 后,粒子的粒径减小,Mn-Fe/TS-1(R-0.5)粒径减小到 200~350 nm。随着 TEPA 的量逐渐增加,可以观察到 TS-1 分子筛的晶体尺寸逐渐增大,Mn-Fe/TS-1(R-1)粒径为 270~400 nm,Mn-Fe/TS-1(R-2)粒径为 300~450 nm。该结果表明,将 TEPA 引入初始凝胶不但不会影响 TS-1 的形成,而且在一定程度上提高了 TS-1 的结晶度。

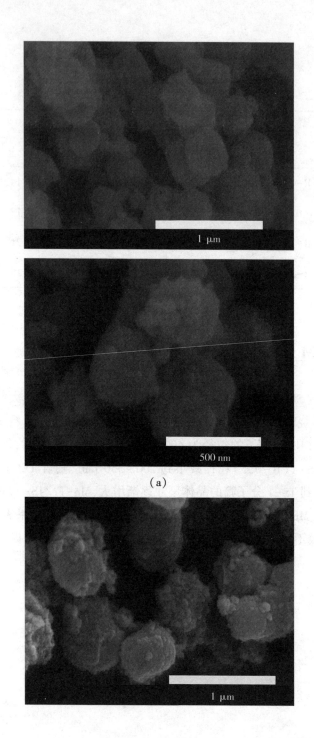

(a)

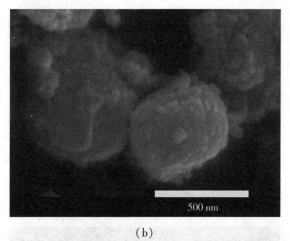

(b)

(c)

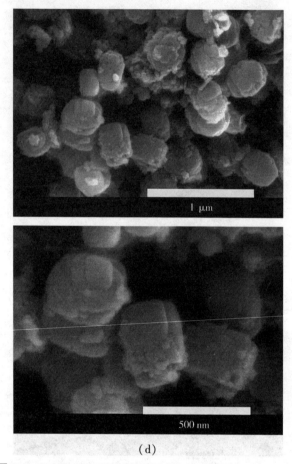

(d)

图 7.4　(a)Mn-Fe/TS-1(R-0)、(b)Mn-Fe/TS-1(R-0.5)、
(c)Mn-Fe/TS-1(R-1)和(d)Mn-Fe/TS-1(R-2)的 SEM 图

7.3.4　XPS 分析

笔者利用 XPS 表征 Mn-Fe/TS-1(R-x)上的表面组成和活性位点的元素状态(图 7.5)。图 7.5(a)为催化剂的 Mn 2p XPS 谱图,结合能在 635~660 eV 处出现两个主峰,分别归属于 Mn 2p$_{3/2}$ 和 Mn 2p$_{1/2}$。Mn-Fe/TS-1(R-x)和 Mn-Fe/TiO$_2$ 的 Mn 2p$_{3/2}$ 谱图可拟合出 Mn^{2+}(641.3 eV)、Mn^{3+}(642.5 eV)和 Mn^{4+}(644.2 eV)物种的特征峰。在 NH$_3$-SCR 反应中,Mn^{4+}物种对 NO$_x$ 的转化

起着积极的作用,可以加速 NO 氧化为 NO_2,促进"快速 SCR"反应的发生。笔者还计算了每个催化剂中的 Mn^{4+}/Mn_{suf},结果如表 7.2 所示。催化剂的 Mn^{4+}/Mn_{suf} 从大到小的顺序为:Mn-Fe/TS-1(R-0.5) > Mn-Fe/TS-1(R-2) > Mn-Fe/TS-1(R-0) > Mn-Fe/TiO_2 > Mn-Fe/TS-1(R-1)。图 7.5(b)为催化剂的 Fe 2p XPS 谱图,从图中可以观察到 $Fe\ 2p_{3/2}$ 和 $Fe\ 2p_{1/2}$ 两个主峰。此外,在结合能约为 719 eV 处的峰归属于 $Fe\ 2p_{3/2}$。对 $Fe\ 2p_{3/2}$ 进行分峰拟合,分别归属于 Fe^{2+}(710 eV)和 Fe^{3+}(711 eV)。从表 7.2 可以看出,Fe^{2+}/Fe_{suf} 从 Mn-Fe/TS-1(R-0)的 8.71% 增加到 Mn-Fe/TS-1(R-2)的 15.88%。随着 TEPA 量的增加,Fe^{2+}/Fe_{suf} 逐渐增大。因此,Mn-Fe/TS-1(R-2)具有更多的活性位点。

值得注意的是,两种表征方法测定的 Mn 和 Fe 含量存在较大差异,这是由于 XPS 分析的是固体样品中表面原子的浓度,ICP-MS 分析的是样品中金属组分的含量。Mn-Fe/TS-1(R-2)表面原子浓度较低(Mn 0.21%,Fe 3.43%),表明表面的活性组分大部分以 Mn^{4+} 和 Fe^{2+} 的形式存在。

图 7.5(c)为催化剂的 O 1s XPS 谱图,拟合后结合能位于 530 eV、531 eV 和 532.8 eV 处的峰分别对应于晶格氧 O_β、化学吸附氧 O_α 和 -OH(以 $O_{\alpha'}$ 表示)。化学吸附氧物种的反应迁移率较高,比晶格氧更活跃。因此,高 O_α/O_{suf} 有利于 NO 氧化为 NO_2,进而提高 NH_3-SCR 反应性能。催化剂的 O_α/O_{suf} 从大到小的顺序为:Mn-Fe/TS-1(R-0) > Mn-Fe/TS-1(R-2) > Mn-Fe/TS-1(R-1) > Mn-Fe/TiO_2 > Mn-Fe/TS-1(R-0.5)。值得注意的是,Mn-Fe/TS-1(R-x) $O_{\alpha'}$ 的峰强度高于 Mn-Fe/TiO_2,表明 Mn-Fe/TS-1(R-x)存在较多的 -OH,主要来源于 TS-1 分子筛中的 Si-OH 和 Ti-OH。图 7.4(d)为催化剂的 Ti 2p XPS 谱图,结合能位于 464.3 eV 和 458.3 eV 处的峰分别归属于 $Ti\ 2p_{1/2}$ 和 $Ti\ 2p_{3/2}$。结果表明,Ti^{4+} 是所有催化剂的主要价态。载体 TiO_2 中的部分 Ti 原子被 Si 原子取代,结合能向较高的方向偏移。这说明 Si 的引入会影响催化剂中 Ti^{4+} 的化学环境。

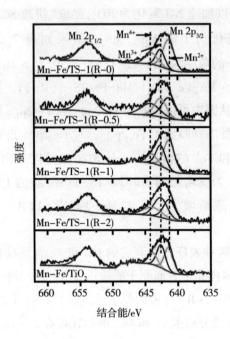

（a）

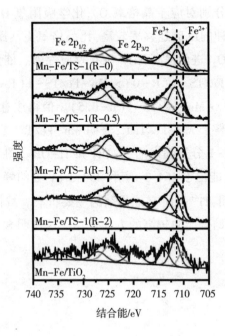

（b）

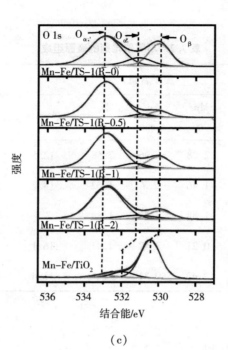

（c）

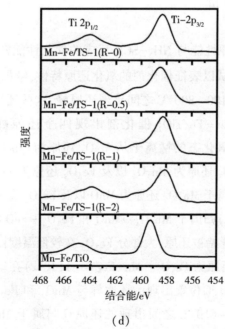

（d）

图 7.5　不同催化剂的 XPS 谱图

（a）Mn 2p；（b）Fe 2p；（c）O 1s；（d）Ti 2p

表 7.2　不同催化剂的表面组成

催化剂	原子含量			原子比		
	Mn/%	Fe/%	Ti/%	Mn^{4+}/Mn_{suf}	Fe^{2+}/Fe_{suf}	O_α/O_{suf}
Mn-Fe/TS-1(R-0)	2.28	6.96	2.58	12.5	8.71	13.0
Mn-Fe/TS-1(R-0.5)	1.46	2.7	1.52	18.7	9.18	4.7
Mn-Fe/TS-1(R-1)	1.88	3.58	1.84	7.3	13.31	7.9
Mn-Fe/TS-1(R-2)	0.21	3.43	1.41	16.1	15.88	8.6
Mn-Fe/TiO₂	2.43	0.31	22.32	11.4	15.55	7.06

7.3.5　H_2-TPR 分析

催化剂的氧化还原性能与 NH_3-SCR 反应的催化性能密切相关。因此,笔者进行了 H_2-TPR 测试以表征催化剂的氧化还原特性,结果如图 7.6 和表 7.3 所示。所有催化剂在 100~800 ℃ 之间出现还原峰,这些还原峰跟 MnO_x、FeO_x 的还原过程有关。Mn-Fe/TiO_2 催化剂出现四个还原峰,第一个还原峰 (281 ℃)归属于高价氧化态的锰离子从 MnO_2 还原为 Mn_2O_3。第二个还原峰 (363 ℃)归属于 Mn_2O_3 还原为 Mn_3O_4 以及 Fe_2O_3 还原为 Fe_3O_4 的过程。第三个还原峰(502 ℃)归属于 Mn_2O_3 还原为 MnO 以及 Fe_2O_3 还原为 Fe_3O_4 的过程。第四个还原峰(582 ℃)归属于 Mn_3O_4→MnO 和 Fe_3O_4→FeO 的重叠峰。结果表明,Fe 物种从 363 ℃ 开始被还原,大部分 Fe_2O_3 在较低温度被还原后,少量残余 Fe_2O_3 在较高温度下还原为 Fe_3O_4。Mn-Fe/TS-1(R-x)在 100~800 ℃ 之间出现三个还原峰。在 430 ℃ 位置出现的还原峰与 MnO_2 和 Fe_2O_3(即 MnO_2)的同时还原有关。在 530~610 ℃ 之间出现的还原峰归属于 Mn_3O_4 的还原,而在 590~690 ℃ 以上的峰可能与 FeO 的还原有关。如表 7.3 所示,当向催化剂中引入 Si 物种后,Mn-Fe/TS-1(R-x)还原峰的总面积增大。其中,Mn-Fe/TS-1

(R-2)还原峰的总面积最大。由于还原峰的面积对应于 H_2 消耗量,因此加入 Si 物种后,催化剂的氧化还原性能显著增强,这有利于促进 NH_3-SCR 反应。此外,Mn-Fe/TS-1(R-2)活性金属组分的负载量最多,因此 H_2 消耗量最大,有利于提高 NH_3-SCR 反应活性。

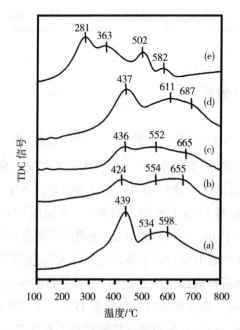

图 7.6　(a) Mn-Fe/TS-1(R-0)、(b) Mn-Fe/TS-1(R-0.5)、(c) Mn-Fe/TS-1(R-1)、

(d) Mn-Fe/TS-1(R-2)和(e) Mn-Fe/TiO₂ 的 H_2-TPR 曲线图

表 7.3　不同催化剂的 H_2-TPR 定量分析结果

催化剂	温度（℃）/ H_2 消耗量（mL·g⁻¹）				
	Peak 1	Peak 2	Peak 3	Peak 4	Total
Mn-Fe/TS-1(R-0)	439/46.72	534/16.70	598/19.26	—/—	—/82.69
Mn-Fe/TS-1(R-0.5)	424/42.61	554/6.15	655/23.44	—/—	—/72.22
Mn-Fe/TS-1(R-1)	436/5.79	552/36.02	665/5.10	—/—	—/46.91

续表

催化剂	温度（℃）/ H_2消耗量（mL·g^{-1}）				
	Peak 1	Peak 2	Peak 3	Peak 4	Total
Mn-Fe/TS-1(R-2)	437/69.74	611/22.46	687/39.23	—/—	—/131.43
Mn-Fe/TiO_2	281/22.38	363/15.08	502/7.63	582/1.23	—/46.32

7.3.6　NH_3-TPD 分析

表面酸性是低温 NH_3-SCR 反应的另一个重要因素。因此，NH_3-TPD 用于分析催化剂的表面酸性，结果如图 7.7 所示。Mn-Fe/TiO_2 的 NH_3 脱附曲线出现三个氨气脱附峰：低温脱附峰（193 ℃）是物理吸附的 NH_3 产生的；温度范围在 200~300 ℃ 的脱附峰归属于布朗斯特酸位；高温脱附峰（518 ℃）归属于 Lewis 酸位。然而，对于 Mn-Fe/TS-1(R-x)来说可以观察到两个脱附峰。温度范围小于 200 ℃ 出现的脱附峰归属于物理吸附的 NH_3，温度范围在 200~400 ℃ 温度区间归属于布朗斯特酸位。研究表明，布朗斯特酸中心能够储存 NH_3，并能改善 NH_3-SCR 反应。催化剂的酸量是根据 TPD 结果计算的，如表 7.4 所示。结果表明，Mn-Fe/TS-1(R-2)的布朗斯特酸量高于其他催化剂，因此有利于提高 NH_3-SCR 反应。总之，Si 物种的引入改善了催化剂的表面酸性，有利于 NH_3 的吸附，最终提高了低温 NH_3-SCR 反应性能

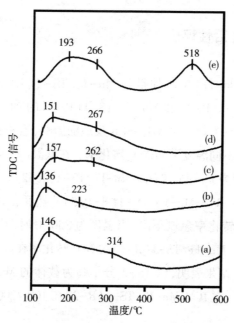

图 7.7　(a) Mn-Fe/TS-1(R-0)、(b) Mn-Fe/TS-1(R-0.5)、(c) Mn-Fe/TS-1(R-1)、(d) Mn-Fe/TS-1(R-2) 和 (e) Mn-Fe/TiO$_2$ 的 NH$_3$-TPD 曲线

表 7.4　不同催化剂的 NH$_3$-TPD 定量分析结果

催化剂	温度（℃）/ NH$_3$ 储存量（mL·g^{-1}）			
	Peak 1	Peak 2	Peak 3	Total
Mn-Fe/TS-1(0)	146/0.10	314/0.15	—/—	—/0.25
Mn-Fe/TS-1(0.5)	136/0.07	223/0.11	—/—	—/0.18
Mn-Fe/TS-1(1)	157/0.09	262/0.12	—/—	—/0.21
Mn-Fe/TS-1(2)	151/0.06	267/0.20	—/—	—/0.26
Mn-Fe/TiO$_2$	193/0.07	266/0.16	518/0.10	—/0.33

7.3.7　NH$_3$-SCR 活性评价

图 7.8(a) 为不同 TEPA 添加量的 Mn-Fe/TS-1(R-0)、Mn-Fe/TS-1(R-0.5)、Mn-Fe/TS-1(R-1) 和 Mn-Fe/TS-1(R-2) 的 NO$_x$ 转化率随温度变化曲线。为了研究 TS-1 载体对 NH$_3$-SCR 反应的影响,笔者还表征了浸渍法制备的 Mn-Fe/TiO$_2$ 在不同温度下的 NO$_x$ 转化率。在低温(<200 ℃)区间 NO$_x$ 转化率由大到小的顺序为 Mn-Fe/TiO$_2$ > Mn-Fe/TS-1(R-2) > Mn-Fe/TS-1(R-1) > Mn-Fe/TS-1(R-0) > Mn-Fe/TS-1(R-0.5)。然而,当温度高于 250 ℃,Mn-Fe/TiO$_2$ 的 NO$_x$ 转化率急剧下降,当温度为 350 ℃时,其 NO$_x$ 转化率仅为 46%。值得注意的是,Mn-Fe/TS-1(R-x) 的 NO$_x$ 转化率在高温(>300 ℃)区下降得不是特别明显。结果表明,以 TS-1 分子筛为载体的 Mn-Fe/TS-1(R-x) 具有更高的热稳定性,尤其是 Mn-Fe/TS-1(R-2) 在 100~300 ℃温度区间具有较好的催化活性。

此外,笔者还对 Mn-Fe/TS-1(R-0)、Mn-Fe/TS-1(R-0.5)、Mn-Fe/TS-1(R-1)、Mn-Fe/TS-1(R-2) 和 Mn-Fe/TiO$_2$ 的抗 H$_2$O 和抗 SO$_2$ 性进行了评价,来模拟在真实 NH$_3$-SCR 反应条件下催化剂的反应活性。先前的研究结果表明,在 H$_2$O 和 SO$_2$ 共存的环境下,H$_2$O 和 SO$_2$ 将与 NH$_3$ 反应形成硫酸氢铵。硫酸氢铵需要在 300 ℃以上才能分解。如图 7.8(b) 所示,由于在低温环境下引入 H$_2$O 和 SO$_2$,Mn-Fe/TS-1(R-x) 的 NO$_x$ 转化率受到负面影响。而 Mn-Fe/TiO$_2$ 在 150~300 ℃的 NO$_x$ 转化率高于 80%,可能是由于催化剂表面的硫酸盐重新生成了酸性位,从而有利于提高 NH$_3$-SCR 性能。然而,当温度达到 350 ℃时,Mn-Fe/TiO$_2$ 的 NO$_x$ 转化率降至 65%,温度高于 300 ℃时覆盖在催化剂表面的硫酸氢铵分解,并且 TiO$_2$ 载体的高温稳定性较差,Mn-Fe/TiO$_2$ 催化活性降低。值得注意的是,Mn-Fe/TS-1(R-2) 在温度高于 200 ℃时 NO$_x$ 转化率高于 80%,催化活性受到 H$_2$O 和 SO$_2$ 的影响较小。这表明添加一定量的 TEPA 可使 TS-1 载体能够负载较多的活性组分,从而提高催化剂的还原性,微孔-介孔结构的 TS-1 载体有利于反应物和产物的吸附和扩散,其酸性有利于改善 NH$_3$ 分子的吸附和活化,进而提高催化剂的 NH$_3$-SCR 反应活性及抗 H$_2$O 和 SO$_2$ 性。

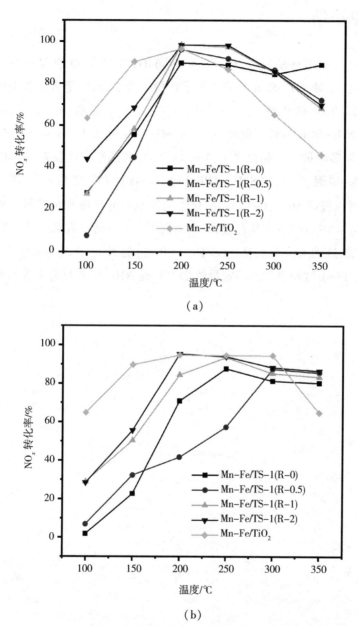

（a）

（b）

图 7.8　不同催化剂的 NO$_x$ 转化率随温度变化曲线

（a）不含 H$_2$O、SO$_2$；（b）含 H$_2$O、SO$_2$

7.4 本章小结

本章通过一锅水热法制备了一系列不同 TEPA 添加量的 Mn-Fe/TS-1 (R-x)催化剂,并对 NH_3-SCR 反应进行了评价。为了对比,笔者还利用浸渍法制备了 Mn-Fe/TiO$_2$ 催化剂。Mn-Fe/TS-1(R-2)在在低温(<200 ℃)区间表现出较高的 NH_3-SCR 活性。此外,H_2O 和 SO_2 的引入对 Mn-Fe/TS-1(R-2)的 NO$_x$ 转化率影响最小。相比之下,Mn-Fe/TiO$_2$ 高温稳定性较差(>300 ℃)。XRD、N_2 吸附-脱附、SEM、XPS、H_2-TPR 和 NH_3-TPD 表征结果表明,添加一定量的 TEPA 可以提高 Mn^{4+}、Fe^{2+} 和表面化学吸附氧的分散度和负载量。值得注意的是,Mn-Fe/TS-1(R-x)具有微孔-介孔结构,这一结构有利于反应物和产物分子的扩散,这大大改善了 Mn-Fe/TS-1(R-2)的 NH_3-SCR 性能。因此,在合成 Mn-Fe/TS-1 过程中加入一定量的 TEPA,在 NH_3-SCR 反应中起着重要作用。

结　　论

本书研究了以 ZSM-5、SAPO 及 TS-1 为载体的催化剂 Cu-Ce/MZ、Cu-Ce/SAPO-5/34、CuCe/CNT-SAPO-34、Mn-Ce-TS-1 及 Mn-Fe/TS-1,在 NH_3-SCR 低温反应和抗 SO_2 性能方面进行了详细研究,初步建立了 Cu-Ce/MZ、Cu-Ce/SAPO-5/34、CuCe/CNT-SAPO-34、Mn-Ce-TS-1 和 Mn-Fe/TS-1 的构效关系。主要结论如下:

(1)以介孔 ZSM-5 为载体采用离子交换法制备的 Cu-Ce/MZ 催化剂,Cu、Ce 活性组分均匀分散在分子筛骨架中。具有微孔/介孔结构的载体,有利于增加活性组分含量,促进了反应物和产物的扩散。Cu-Ce/MZ 催化剂在 NH_3-SCR 反应中存在丰富的表面氧空位,更有利于反应物的还原。酸强度与 NH_3-SCR 性能之间不是线性关系,优异的催化性能与适当的表面酸度有关。与 Cu-Ce/ZSM-5 和 Cu-Ce/Al-SBA-15 相比,以微孔/介孔为载体的 Cu-Ce/MZ 催化剂在低反应温度下(<200 ℃)具有较高的催化活性。在硅铝磷酸盐的合成过程中添加不同量纤维素,直接影响 SAPO 分子筛的形貌及晶相。当 C 与 P 的物质的量比为 0.75 时,出现 SAPO-5/34 的混晶结构。当 C 与 P 的物质的量比为 1 时,出现了粒径为 15~20 μm 的球形聚集体。经煅烧处理后纤维素被完全煅烧掉。

(2)Cu^{2+} 是 Cu-Ce/SAPO-5/34 混相催化剂表面主要的 Cu 物种,而相应的 CuO 含量较低。在其表面具有丰富的表面氧空位,反应物更容易被活化。CHA/AFI 混晶结构有利于提高活性组分的负载量和活化反应物 NH_3,具有更高氧化还原能力。与 Cu-Ce/SAPO-34 和物理混合物 Cu-Ce/SP-2.88 相比,Cu-Ce/SAPO-5/34 混晶催化剂表现出更优异的 NH_3-SCR 活性和抗硫性能。

(3)通过一锅水热合成法制备的一系列具有不同 CNT 含量的 CuCe/CNT$_x$-

SAPO-34 催化剂,具有 CNT 和 SAPO-34 复合载体结构。由于 CNT 具有优异的吸附性能,CNT 的加入可以提高 Cu^{2+}、Ce^{3+} 和表面化学吸附氧的分散度和负载量。当 CNT 与 Al_2O_3 的物质的量比为 1 时,$CuCe/CNT_1$-SAPO-34 催化剂在 $200 \sim 450$ ℃ 的较宽温度区间内显示出优异的 NH_3-SCR 活性和抗 H_2O 和 SO_2 性。$CuCe/CNT_1$-SAPO-34 催化剂具有多级孔结构,这一结构有利于反应物和产物分子的扩散。此外,在低温条件下 $CuCe/CNT_1$-SAPO-34 催化剂具有对 NH_3 较高的还原性、吸附性和活化能力。

(4)采用浸渍法制备的 Mn、Ce 负载的 TS-1 催化剂,其低温催化活性高于离子交换法制备的催化剂,这是由于采用浸渍法活性金属负载量更大。Mn/Ce 负载的 TS-1 低温脱硝活性高于 Cu/Ce 掺杂的 TS-1 催化剂。与传统的以 TiO_2 为载体的 Mn-Ce-TiO_2 催化剂相比,Mn-Ce-TS-1 催化剂在 NH_3-SCR 反应中表现出优异的低温脱硝活性和热稳定性。

(5)采用一锅水热合成法制备了一系列添加不同 TEPA 含量的 Mn-Fe/TS-1(R-x)催化剂,TEPA 的加入可以提高 Mn^{4+}、Fe^{2+} 和表面化学吸附氧的分散度和负载量,并且催化剂具有微孔-介孔结构,有利于反应物和产物分子的扩散。当 TEPA 与 $Mn(NO_3)_2 \cdot 4H_2O$ 的物质的量比为 2 时,Mn-Fe/TS-1(R-2)表现出较高的 NH_3-SCR 活性及抗 H_2O 和 SO_2 性。

参考文献

[1] WANG M X, LIU H N, HUANG Z H, et al. Activated carbon fibers loaded with MnO_2 for removing NO at room temperature [J]. Chemical Engineering Journal, 2014, 256:101-106.

[2] LEE K J, KUMAR P A, MAQBOOL M S, et al. Ceria added $Sb-V_2O_5/TiO_2$ catalysts for low temperature NH_3 SCR Physico-chemical properties and catalytic activity . [J] Applied Catalysis B: Environmental 2013, 142: 705-717.

[3] SONG I, YOUN S, LEE H, et al. Effects of microporous TiO_2 support on the catalytic and structural properties of V_2O_5/microporous TiO_2 for the selective catalytic reduction of NO by NH_3 [J]. Applied Catalysis B: Environmental2017, 210: 421-431.

[4] Choi B, Lee K, Son G. Review of Recent After-Treatment Technologies for $De-NO_x$ Process in Diesel Engines [J]. International Journal of Automotive Technology, 2020, 21(6): 1597-1618.

[5] HAN J, KIM T, JUNG H, et al. Improvement of NO_x Reduction Rate of Urea SCR System Applied for an Non-Road Diesel Engine [J]. International Journal of Automotive Technology, 2019, 20(6): 1153-1160.

[6] KOEBEL M, ELSENER M, KLEEMANN M. Urea-SCR: a promising technique to reduce NO_x emissions from automotive diesel engines [J]. Catalysis Today, 2000, 59(3-4): 335-345.

[7] JUNG Y, SHIN Y J, PYO Y D, et al. NO_x and N_2O emissions over a Urea-SCR system containing both $V_2O_5-WO_3/TiO_2$ and Cu-zeolite catalysts in a diesel engine [J]. Chemical Engineering Journal, 2017, 326: 853-862.

[8]ZHANG S, LI H, ZHONG Q. Promotional effect of F-doped V_2O_5-WO_3/TiO_2 catalyst for NH_3-SCR of NO at low-temperature [J]. Applied Catalysis A: General, 2012, 435-436: 156-162.

[9]TIAN X, XIAO Y, ZHOU P, et al. Investigation on performance of V_2O_5-WO_3-TiO_2-cordierite catalyst modified with Cu, Mn and Ce for urea-SCR of NO [J]. Materials Research Innovations 2014, 18(2): 202-206.

[10]LIU Z, ZHANG S, LI J, et al. Novel V_2O_5-CeO_2/TiO_2 catalyst with low vanadium loading for the selective catalytic reduction of NO_x by NH_3[J]. Applied Catalysis B: Environmental 2014, 158: 11-19.

[11] PHIL H H, REDDY M P, KUMAR P A, et al. SO_2 resistant antimony promoted V_2O_5/TiO_2 catalyst for NH_3-SCR of NO_x at low temperatures [J]. Applied Catalysis B: Environmental 2008, 78(3-4): 301-308.

[12]CAI S, ZHANG D, ZHANG L, et al. Comparative study of 3D ordered macroporous $Ce_{0.75}Zr_{0.2}M_{0.05}O_{2-\delta}$(M = Fe, Cu, Mn, Co) for selective catalytic reduction of NO with NH_3[J]. Catalysis Science & Technology, 2014, 4(1): 93-101.

[13]LIU Z, ZHU J, LI J, et al. Novel Mn-Ce-Ti Mixed-Oxide Catalyst for the Selective Catalytic Reduction of NO_x with NH_3[J]. ACS Applied Materials & Interfaces, 2014, 6(16): 14500-14508.

[14]GUO R T, SUN X, LIU J, et al. Enhancement of the NH_3-SCR catalytic activity of $MnTiO_x$ catalyst by the introduction of Sb [J]. Applied Catalysis A: General, 2018, 558: 1-8.

[15]CAO F, XIANG J, SU S, et al. The activity and characterization of MNO_x-CeO_2-$ZrO_{2/\gamma}$-Al_2O_3 catalysts for low temperature selective catalytic reduction of NO with NH_3[J]. Chemical Engineering Journal, 2014, 243: 347-354.

[16]XIONG Y, TANG C, YAO X, et al. Effect of metal ions doping (M = Ti^{4+}, Sn^{4+}) on the catalytic performance of MNO_x/CeO_2 catalyst for low temperature selective catalytic reduction of NO with NH3 [J]. Applied Catalysis A: General, 2015, 495: 206-216.

[17]LI Y, WAN Y, LI Y, et al. Low-Temperature Selective Catalytic Reduction of

NO with NH_3 over Mn_2O_3−Doped Fe_2O_3 Hexagonal Microsheets [J]. ACS Applied Materials & Interfaces, 2016, 8(8): 5224−5233.

[18]YANG Y, WANG Y, YANG F, et al. Influence of weld details on fracture behavior of connections using high−strength steel [J]. Journal of Constructional Steel Research, 2019, 153: 578−587.

[19]LIU J, GUO R T, LI M Y, et al. Enhancement of the SO_2 resistance of Mn/ TiO_2 SCR catalyst by Eu modification: A mechanism study [J]. Fuel, 2018, 223: 385−393.

[20]QI G, YANG R T, CHANG R J. MNO_x−CeO_2 mixed oxides prepared by co−precipitation for selective catalytic reduction of NO with NH_3 at low temperatures [J]. Applied Catalysis B: Environmental,2004, 51(2): 93−106.

[21]LIU Z, YI Y, ZHANG S, et al. Selective catalytic reduction of NO_x with NH_3 over Mn−Ce mixed oxide catalyst at low temperatures [J]. Catalysis Today, 2013, 216: 76−81.

[22]KANG M, PARK E D, KIM J M, et al. Cu−Mn mixed oxides for low temperature NO reduction with NH_3 [J]. Catalysis Today, 2006, 111 (3−4): 236−241.

[23]GONG P, XIE J, FANG D, et al. Effects of surface physicochemical properties on NH_3−SCR activity of MnO_2 catalysts with different crystal structures [J]. Chinese Journal of Catalysis 2017, 38(11): 1925−1934.

[24]DAI Y, LI J H, PENG Y, et al. Effects of MnO_2 crystal structure and surface property on the NH_3−SCR reaction at low temperature [J]. CrystEngComm 2012, 28(7): 1771−1776.

[25]YOON W, KIM Y, JONG K G, et al. Boosting low temperature De−NO_x performance and SO_2 resistance over Ce−doped two dimensional Mn−Cr layered double oxide catalyst [J]. Chemical Engineering Journal, 2022, 434: 134676.

[26]YAO G, WEI Y, GUI K, et al. Catalytic performance and reaction mechanisms of NO removal with NH_3 at low and medium temperatures on Mn−W−Sb modified siderite catalysts [J]. Journal of Environmental Sciences, 2022,

115：126-139.

[27]LI Y, LI Y, WANG P, et al. Low-temperature selective catalytic reduction of NO_x with NH_3 over $MnFeO_x$ nanorods [J]. Chemical Engineering Journal, 2017, 330：213-222.

[28]WAN Y, ZHAO W, TANG Y, et al. Ni-Mn bi-metal oxide catalysts for the low temperature SCR removal of NO with NH_3[J]. Applied Catalysis B：Environmental, 2014, 148-149：114-122.

[29]ZHANG L, SHI L, HUANG L, et al. Rational Design of High-Performance $DeNO_x$ Catalysts Based on $Mn_xCo_{3-x}O_4$ Nanocages Derived from Metal-Organic Frameworks [J]. ACS Catalysis, 2014, 4(6)：1753-1763.

[30]HU X, HUANG L, ZHANG J, et al. Facile and template-free fabrication of mesoporous 3D nanosphere-like $Mn_xCo_{3-x}O_4$ as highly effective catalysts for low temperature SCR of NO_x with NH3 [J]. Journal of Materials Chemistry A, 2018, 6(7)：2952-2963.

[31]MENG D, XU Q, JIAO Y, et al. Spinel structured $Co_aMn_bO_x$ mixed oxide catalyst for the selective catalytic reduction of NO_x with NH_3[J]. Applied Catalysis B：Environmental, 2018, 221(652-663.

[32]LIU H, LI X, DAI Q, et al. Catalytic oxidation of chlorinated volatile organic compounds over Mn-Ti composite oxides catalysts：Elucidating the influence of surface acidity [J]. Applied Catalysis B： Environmental, 2021, 282：119577.

[33]YAN Q, CHEN S, ZHANG C, et al. Synthesis and catalytic performance of $Cu_1Mn_{0.5}Ti_{0.5}O_x$ mixed oxide as low-temperature NH_3-SCR catalyst with enhanced SO_2 resistance [J]. Applied Catalysis B：Environmental, 2018, 238：236-247.

[34]LI L, LI P, TAN W, et al. Enhanced low-temperature NH_3-SCR performance of $CeTiO_x$ catalyst via surface Mo modification [J]. Chinese Journal of Catalysis, 2020, 41(2)：364-373.

[35]YAO X, CAO J, CHEN L, et al. Doping effect of cations (Zr^{4+}, Al^{3+}, and Si^{4+}) on MNO_x/CeO_2 nano-rod catalyst for NH_3-SCR reaction at low tempera-

ture [J]. Chinese Journal of Catalysis, 2019, 40(5): 733-743.

[36]XU Q, FANG Z, CHEN Y, et al. Titania - Samarium - Manganese Composite Oxide for the Low-Temperature Selective Catalytic Reduction of NO with NH_3[J]. Environmental Science & Technology, 2020, 54(4): 2530-2538.

[37]PIAO Y, KIM J, NA H B, et al. Wrap-bake-peel process for nanostructural transformation from $\beta-FeOOH$ nanorods to biocompatible iron oxide nanocapsules [J]. Nature Materials 2008, 7(3): 242-247.

[38]LIU C, YANG S, MA L, et al. Comparison on the performance of $\alpha-Fe_2O_3$ and $\gamma-Fe_2O_3$ for selective catalytic reduction of nitrogen oxides with ammonia [J]. Catalysis Letters, 2013, 143(7): 697-704.

[39]MOU X, ZHANG B, LI Y, et al. Rod - shaped Fe_2O_3 as an efficient catalyst for the selective reduction of nitrogen oxide by ammonia [J]. Angewandte Chemie International Edition, 2012, 51(12): 2989-2993.

[40]LIU H, ZHANG Z, LI Q, et al. Novel Method for Preparing Controllable Nanoporous $a-Fe_2O_3$ and its Reactivity to SCR De-NO_x[J]. Aerosol and Air Quality Research, 2017, 17(7): 1898-1908.

[41]ZHANG J, HUANG Z, DU Y, et al. Identification of Active Sites over Fe_2O_3-Based Architecture: The Promotion Effect of H_2SO_4 Erosion Synthetic Protocol [J]. ACS Applied Energy Materials, 2018, 1(6): 2385-2391.

[42]LAI J, SHAFI K V, LOOS K, et al. Doping $\gamma-Fe_2O_3$ nanoparticles with Mn (III) suppresses the transition to the $\alpha-Fe_2O_3$ structure [J]. American Chemical Society, 2003, 125(38): 11470-11471.

[43]QU W, CHEN Y, HUANG Z, et al. Active tetrahedral iron sites of $\gamma-Fe_2O_3$ catalyzing NO reduction by NH_3[J]. Environmental Science & Technology Letters, 2017, 4(6): 246-250.

[44]SUN J, LU Y, ZHANG L, et al. Comparative Study of Different Doped Metal Cations on the Reduction, Acidity, and Activity of $Fe_9M_1O_x$ (M = Ti^{4+}, $Ce^{4+/3+}$, Al^{3+}) Catalysts for NH_3-SCR Reaction [J]. Industrial & Engineering Chemistry Research, 2017, 56(42): 12101-12110.

[45]YAN Q, CHEN S, ZHANG C, et al. Synthesis of $Cu_{0.5}Mg_{1.5}Mn_{0.5}Al_{0.5}Ox$

mixed oxide from layered double hydroxide precursor as highly efficient catalyst for low–temperature selective catalytic reduction of NO_x with NH_3 [J]. Journal of Colloid and Interface Science, 2018, 526: 63–74.

[46] YAN Q, NIE Y, YANG R, et al. Highly dispersed Cu_yAlO_x mixed oxides as superior low – temperature alkali metal and SO_2 resistant NH_3 – SCR catalysts [J]. Applied Catalysis A: General, 2017, 538: 37–50.

[47] NIE Y, YAN Q, CHEN S, et al. CuTi LDH derived NH_3–SCR catalysts with highly dispersed CuO active phase and improved SO_2 resistance [J]. Catalysis Communications, 2017, 97: 47–50.

[48] ALI S, CHEN L, LI Z, et al. Cu_x–$Nb_{1.1-x}$(x = 0. 45, 0. 35, 0. 25, 0. 15) bi-metal oxides catalysts for the low temperature selective catalytic reduction of NO with NH_3 [J]. Applied Catalysis B: Environmental, 2018, 236: 25–35.

[49] SI Z, WENG D, WU X, et al. Structure, acidity and activity of CuO_x/WO_x–ZrO_2 catalyst for selective catalytic reduction of NO by NH_3 [J]. Journal of Catalysis, 2010, 271(1): 43–51.

[50] LI Q, YANG H, MA Z, et al. Selective catalytic reduction of NO with NH_3 over CuO_x–carbonaceous materials [J]. Catalysis Communications, 2012, 17: 8–12.

[51] WU X, MENG H, DU Y, et al. Fabrication of Highly Dispersed Cu–Based Oxides as Desirable NH_3–SCR Catalysts via Employing CNTs To Decorate the CuAl–Layered Double Hydroxides [J]. ACS Applied Materials & Interfaces, 2019, 11(36): 32917–32927.

[52] LIU S, YAO P, LIN Q, et al. Optimizing acid promoters of Ce–based NH_3– SCR catalysts for reducing NO_x emissions [J]. Catalysis Today, 2021, 382: 34–41.

[53] TOPSØE N Y. Mechanism of the Selective Catalytic Reduction of Nitric Oxide by Ammonia Elucidated by in Situ On–Line Fourier Transform Infrared Spectroscopy [J]. Science, 1994, 265(5176): 1217–1219.

[54] YAO X, WANG Z, YU S, et al. Acid pretreatment effect on the physicochemical property and catalytic performance of CeO_2 for NH_3–SCR [J]. Applied

Catalysis A: General, 2017, 542: 282-288.

[55] CHANG H, MA L, YANG S, et al. Comparison of preparation methods for ceria catalyst and the effect of surface and bulk sulfates on its activity toward NH_3-SCR [J]. Journal of Hazardous Materials, 2013, 262: 782-788.

[56] YI T, ZHANG Y, LI J, et al. Promotional effect of H_3PO_4 on ceria catalyst for selective catalytic reduction of NO by NH_3 [J]. Chinese Journal of Catalysis, 2016, 37(2): 300-307.

[57] SI Z, WENG D, WU X, et al. NH_3-SCR activity, hydrothermal stability, sulfur resistance and regeneration of $Ce_{0.75}Zr_{0.25}O_2$-PO_4^{3-} catalyst [J]. Catalysis Communications, 2012, 17: 146-149.

[58] LI J, LUO J, SONG Z, et al. CeO_2-WO_3 catalysts for the selective catalytic reduction of NO_x with NH_3: effect of the amount of WO_3 [J]. Reaction Kinetics, Mechanisms and Catalysis, 2021, 132(2): 655-669.

[59] MA Z, WENG D, WU X, et al. A novel Nb-Ce/WO_x-TiO_2 catalyst with high NH_3-SCR activity and stability [J]. Catalysis Communications, 2012, 27: 97-100.

[60] CHEN L, SI Z, WU X, et al. DRIFT study of CuO-CeO_2-TiO_2 mixed oxides for NO_x reduction with NH_3 at Low temperatures [J]. ACS Applied Materials & Interfaces, 2014, 6(11): 8134-8145.

[61] ZHANG G, HAN W, ZHAO H, et al. Solvothermal synthesis of well-designed ceria-tin-titanium catalysts with enhanced catalytic performance for wide temperature NH_3-SCR reaction [J]. Applied Catalysis B: Environmental, 2018, 226: 117-126.

[62] LIU J, LI X, ZHAO Q, et al. Mechanistic investigation of the enhanced NH_3-SCR on cobalt-decorated Ce-Ti mixed oxide: In situ FTIR analysis for structure-activity correlation [J]. Applied Catalysis B: Environmental, 2017, 200: 297-308.

[63] CHANG H, LI J, YUAN J, et al. Ge, Mn-doped CeO_2-WO_3 catalysts for NH_3-SCR of NO_x: effects of SO_2 and H_2 regeneration [J]. Catalysis Today 2013, 201: 139-144.

[64] STAHL A, WANG Z, SCHWÄMMLE T, et al. Novel Fe−W−Ce Mixed Oxide for the Selective Catalytic Reduction of NO_x with NH_3 at Low Temperatures [J]. Catalysts, 2017, 7(2): 71.

[65] SHI J W, WANG Y, DUAN R, et al. The synergistic effects between Ce and Cu in $Cu_yCe_{1-y}W_5O_x$ catalysts for enhanced NH_3−SCR of NO_x and SO_2 tolerance [J]. Catalysis Science & Technology, 2019, 9(3): 718−730.

[66] DING S, LIU F, SHI X, et al. Significant promotion effect of Mo additive on a novel Ce−Zr mixed oxide catalyst for the selective catalytic reduction of NO_x with NH_3 [J]. ACS Applied Materials & Interfaces, 2015, 7(18): 9497−9506.

[67] MIN W, ZHICHUN S, LEI C, et al. Hydrothermal stability of MO_x−$Ce_{0.75}Zr_{0.25}O_2$ catalysts for NO_x reduction by ammonia [J]. Journal of Rare Earths, 2013, 31(12): 1148−1156.

[68] GAO M, ZHU L, ONG W L, et al. Structural design of TiO_2−based photocatalyst for H_2 production and degradation applications [J]. Catalysis Science & Technology, 2015, 5(10): 4703−4726.

[69] ZHAN S, ZHANG H, ZHANG Y, et al. Efficient NH_3−SCR removal of NO_x with highly ordered mesoporous $WO_3(X)$−CeO_2 at low temperatures [J]. Applied Catalysis B: Environmental, 2017, 203: 199−209.

[70] YU J, GUO F, WANG Y, et al. Sulfur poisoning resistant mesoporous Mn−base catalyst for low−temperature SCR of NO with NH_3 [J]. Applied Catalysis B: Environmental, 2010, 95(1−2): 160−168.

[71] WANG P, WANG H, CHEN X, et al. Novel SCR catalyst with superior alkaline resistance performance: enhanced self−protection originated from modifying protonated titanate nanotubes [J]. Journal of Materials Chemistry A, 2015, 3(2): 680−690.

[72] CHEN X, WANG H, WU Z, et al. Novel $H_2Ti_{12}O_2{}^{5-}$ confined CeO_2 catalyst with remarkable resistance to alkali poisoning based on the "shell protection effect" [J]. The Journal of Physical Chemistry C, 2011, 115(35): 17479−17484.

[73] WANG P, WANG H, CHEN X, et al. Design Strategies for a Denitrification Catalyst with Improved Resistance against Alkali Poisoning: The Significance of Nanoconfining Spaces and Acid–Base Balance [J]. ChemCatChem, 2016, 8 (4): 787–797.

[74] WANG P, CHEN S, GAO S, et al. Niobium oxide confined by ceria nanotubes as a novel SCR catalyst with excellent resistance to potassium, phosphorus, and lead [J]. Applied Catalysis B: Environmental, 2018, 231: 299–309.

[75] NI K, PENG Y, WANG Y, et al. Enhancement of SO_2 Resistance on Submonolayer V_2O_5 – MnO_2/CeO_2 Catalyst by Three–Dimensional Ordered Mesoporous CeO_2 in Low–Temperature NH_3–SCR [J]. Energy & Fuels, 2022, 36 (5): 2787–2798.

[76] QIU L, PANG D, ZHANG C, et al. In situ IR studies of Co and Ce doped Mn/TiO_2 catalyst for low–temperature selective catalytic reduction of NO with NH_3 [J]. Applied Surface Science, 2015, 357: 189–196.

[77] YANG S, LIAO Y, XIONG S, et al. N_2 Selectivity of NO Reduction by NH_3 over MnO_x–CeO_2: Mechanism and Key Factors [J]. The Journal of Physical Chemistry C, 2014, 118(37): 21500–21508.

[78] MA Z, WU X, FENG Y, et al. Effects of WO_3 doping on stability and N_2O escape of MnO_x–CeO_2 mixed oxides as a low–temperature SCR catalyst [J]. Catalysis Communications, 2015, 69: 188–192.

[79] MA Z, WENG D, WU X, et al. Effects of WO_x modification on the activity, adsorption and redox properties of CeO_2 catalyst for NO_x reduction with ammonia [J]. Journal of Environmental Sciences, 2012, 24(7): 1305–1316.

[80] SONG Z, NING P, ZHANG Q, et al. The role of surface properties of silicotungstic acid doped CeO_2 for selective catalytic reduction of NO_x by NH_3: Effect of precipitant [J]. Journal of Molecular Catalysis A: Chemical, 2016, 413: 15–23.

[81] SKORODUMOVA N V, BAUDIN M, HERMANSSON K. Surface properties of mathrm CeO from first principles [J]. Physical Review B, 2004, 69 (7): 075401.

[82]JIANG H, WANG Q, WANG H, et al. MOF-74 as an Efficient Catalyst for the Low-Temperature Selective Catalytic Reduction of NO_x with NH_3[J]. ACS Applied Materials & Interfaces, 2016, 8(40): 26817-26826.

[83]WANG S, GAO Q, DONG X, et al. Enhancing the Water Resistance of Mn-MOF-74 by Modification in Low Temperature NH_3-SCR [J]. Catalysts 2019, 9(12): 1004.

[84]ZHANG M, GU K, HUANG X, et al. A DFT study on the effect of oxygen vacancies and H_2O in Mn-MOF-74 on SCR reactions [J]. Physical Chemistry Chemical Physics, 2019, 21(35): 19226-19233.

[85]JIANG H, ZHOU J, WANG C, et al. Effect of Cosolvent and Temperature on the Structures and Properties of Cu-MOF-74 in Low-temperature NH_3-SCR [J]. Industrial & Engineering Chemistry Research, 2017, 56 (13): 3542-3550.

[86]JIANG H, WANG S, WANG C, et al. Selective Catalytic Reduction of NO_x with NH_3 on Cu-BTC-derived Catalysts: Influence of Modulation and Thermal Treatment [J]. Catalysis Surveys from Asia, 2018, 22(2): 95-104.

[87]YU Y, CHEN C, HE C, et al. In situ Growth Synthesis of CuO@ Cu-MOFs Core-shell Materials as Novel Low-temperature NH_3-SCR Catalysts [J]. Chemcatchem 2019, 11(3): 979-984.

[88]ZHANG W, SHI Y, LI C, et al. Synthesis of Bimetallic MOFs MIL-100(Fe-Mn) as an Efficient Catalyst for Selective Catalytic Reduction of NO_x with NH_3 [J]. Catalysis Letters, 2016, 146(10): 1956-1964.

[89]YAO Z, QU D, GUO Y, et al. Fabrication and Characteristics of Mn@ Cu_3 $(BTC)_2$ for Low-Temperature Catalytic Reduction of NO_x with NH_3[J]. Advances in Materials Science and Engineering, 2019, 2019: 2935942.

[90]WANG P, SUN H, QUAN X, et al. Enhanced catalytic activity over MIL-100 (Fe) loaded ceria catalysts for the selective catalytic reduction of NO_x with NH_3 at low temperature [J]. Journal of Hazardous Materials, 2016, 301: 512-521.

[91]XUE Y, SUN W, WANG Q, et al. Sparsely loaded Pt/MIL-96(Al) MOFs

catalyst with enhanced activity for H_2-SCR in a gas diffusion reactor under 80℃ [J]. Chemical Engineering Journal, 2018, 335: 612-620.

[92]ZHANG M, HUANG B, JIANG H, et al. Metal-organic framework loaded manganese oxides as efficient catalysts for low-temperature selective catalytic reduction of NO with NH_3[J]. Frontiers of Chemical Science and Engineering, 2017, 11(4): 594-602.

[93]QI G, WANG Y, YANG R T. Selective catalytic reduction of nitric oxide with ammonia over ZSM-5 based catalysts for diesel engine applications [J]. Catalysis Letters , 2008, 121(1-2): 111-117.

[94]LIU J, LIU J, ZHAO Z, et al. A Unique Fe/Beta@ TiO_2 Core-Shell Catalyst by Small-Grain Molecular Sieve as the Core and TiO_2 Nanosize Thin Film as the Shell for the Removal of NO_x[J]. Industrial & Engineering Chemistry Research, 2017, 56(20): 5833-5842.

[95]LIU J, LIU J, ZHAO Z, et al. Fe-Beta@ CeO_2 core-shell catalyst with tunable shell thickness for selective catalytic reduction of NO_x with NH_3 [J]. AIChE Journal, 2017, 63(10): 4430-4441.

[96]SULTANA A, SASAKI M, SUZUKI K, et al. Tuning the NO_x conversion of Cu-Fe/ZSM-5 catalyst in NH_3-SCR [J]. Catalysis Communications, 2013, 41: 21-25.

[97]ZHANG T, LIU J, WANG D, et al. Selective catalytic reduction of NO with NH_3 over HZSM-5-supported Fe-Cu nanocomposite catalysts: The Fe-Cu bimetallic effect [J]. Applied Catalysis B: Environmental, 2014, 148: 520-531.

[98]MA L, LI J, CHENG Y, et al. Propene poisoning on three typical Fe-zeolites for SCR of NO_x with NH_3: From mechanism study to coating modified architecture [J]. Environmental Science & Technology , 2012, 46(3): 1747-1754.

[99]FENG B, WANG Z, SUN Y, et al. Size controlled ZSM-5 on the structure and performance of Fe catalyst in the selective catalytic reduction of NO_x with NH_3[J]. Catalysis Communications, 2016, 80: 20-23.

[100]SHI J, ZHANG Y, FAN Z, et al. Widened Active Temperature Window of a

Fe-ZSM-5 Catalyst by an Impregnation Solvent for NH_3-SCR of NO [J]. Industrial & Engineering Chemistry Research, 2018, 57(41): 13703-13712.

[101]WANG J, YU T, WANG X, et al. The influence of silicon on the catalytic properties of Cu/SAPO-34 for NO_x reduction by ammonia-SCR [J]. Applied Catalysis B: Environmental, 2012, 127: 137-147.

[102]YU T, FAN D, HAO T, et al. The effect of various templates on the NH_3-SCR activities over Cu/SAPO-34 catalysts [J]. Chemical Engineering Journal , 2014, 243: 159-168.

[103]ZHANG Y, WANG H, CHEN R J. Improved high-temperature hydrothermal stability of Cu-SSZ-13 by an ammonium hexafluorosilicate treatment [J]. RSC Advances , 2015, 5(83): 67841-67848.

[104]HAN L, ZHAO X, YU H, et al. Preparation of SSZ-13 zeolites and their NH_3-selective catalytic reduction activity [J]. Microporous and Mesoporous Materials, 2018, 261: 126-136.

[105]SHAN Y, DU J, YU Y, et al. Precise control of post-treatment significantly increases hydrothermal stability of in-situ synthesized cu-zeolites for NH_3-SCR reaction [J]. Applied Catalysis B: Environmental, 2020, 266: 118655.

[106]YE X, SCHMIDT J E, WANG R P, et al. Deactivation of Cu-Exchanged Automotive-Emission NH_3-SCR Catalysts Elucidated with Nanoscale Resolution Using Scanning Transmission X-ray Microscopy [J]. Angewandte Chemie International Edition, 2020, 59(36): 15610-15617.

[107]MA Y, WU X, CHENG S, et al. Relationships between copper speciation and Brønsted acidity evolution over Cu-SSZ-13 during hydrothermal aging [J]. Applied Catalysis A: General, 2020, 602: 117650.

[108]SCHMIDT J E, OORD R, GUO W, et al. Nanoscale tomography reveals the deactivation of automotive copper-exchanged zeolite catalysts [J]. Nature Communications, 2017, 8(1): 1666.

[109]LOU X, LIU P, LI J,et al. Effects of calcination temperature on Mn species and catalytic activities of Mn/ZSM-5 catalyst for selective catalytic reduction

of NO with ammonia [J]. Applied Surface Science , 2014, 307: 382-387.

[110]LV G, BIN F, SONG C, et al. Promoting effect of zirconium doping on Mn/ZSM-5 for the selective catalytic reduction of NO with NH_3 [J]. Fuel , 2013, 107: 217-224.

[111]KIM Y J, KWON H J, HEO I, et al. Mn-Fe/ZSM5 as a low-temperature SCR catalyst to remove NO_x from diesel engine exhaust [J]. Applied Catalysis B: Environmental , 2012, 126(9-21.

[112]VAN KOOTEN W, LIANG B, KRIJNSEN H, et al. Ce-ZSM-5 catalysts for the selective catalytic reduction of NO_x in stationary diesel exhaust gas [J]. Chemical Engineering Journal , 1999, 21(3): 203-213.

[113]CARJA G, KAMESHIMA Y, OKADA K, et al. Mn-Ce/ZSM5 as a new superior catalyst for NO reduction with NH_3[J]. Applied Catalysis B: Environmental, 2007, 73(1-2): 60-64.

[114]SHI Y, TAN S, WANG X, et al. Regeneration of sulfur-poisoned CeO_2 catalyst for NH_3-SCR of NO_x[J]. Catalysis Communications, 2016, 86: 67-71.

[115]JIN R, LIU Y, WU Z, et al. Relationship between SO_2 poisoning effects and reaction temperature for selective catalytic reduction of NO over Mn-Ce/TiO_2 catalyst [J]. Catalysis Today, 2010, 153(3): 84-89.

[116]GUAN B, ZHAN R, LIN H, et al. Review of state of the art technologies of selective catalytic reduction of NO_x from diesel engine exhaust [J]. Applied Thermal Engineering, 2014, 66(1): 395-414.

[117]MA L, QU H, ZHANG J, et al. Preparation of nanosheet Fe-ZSM-5 catalysts, and effect of Fe content on acidity, water, and sulfur resistance in the selective catalytic reduction of NO_x by ammonia [J]. Research on Chemical Intermediates, 2013, 39(9): 4109-4120.

[118]WANG H, HUANG B, YU C, et al. Research progress, challenges and perspectives on the sulfur and water resistance of catalysts for low temperature selective catalytic reduction of NO_x by NH_3[J]. Applied Catalysis A: General, 2019, 588: 117207.

[119]LIU J, LI G Q, ZHANG Y Y, et al. Novel Ce-W-Sb mixed oxide catalyst

for selective catalytic reduction of NO_x with NH_3 [J]. Applied Surface Science, 2017, 401: 7-16.

[120] PAN S, LUO H, LI L, et al. H_2O and SO_2 deactivation mechanism of MnO_x/ MWCNTs for low-temperature SCR of NO_x with NH_3 [J]. Journal of Molecular Catalysis A: Chemical, 2013, 377: 154-161.

[121] ZHAO K, HAN W, LU G, et al. Promotion of redox and stability features of doped Ce-W-Ti for NH_3-SCR reaction over a wide temperature range [J]. Applied Surface Science, 2016, 379: 316-322.

[122] LIU C, SHI J W, GAO C, et al. Manganese oxide-based catalysts for low-temperature selective catalytic reduction of NO_x with NH_3: A review [J]. Applied Catalysis A: General, 2016, 522: 54-69.

[123] GUO K, JI J, SONG W, SUN J, et al. Conquering ammonium bisulfate poison over low-temperature NH_3-SCR catalysts: A critical review [J]. Applied Catalysis B: Environmental, 2021, 297: 120388.

[124] HUANG Z, ZHU Z, LIU Z, et al. Formation and reaction of ammonium sulfate salts on V_2O_5/AC catalyst during selective catalytic reduction of nitric oxide by ammonia at low temperatures [J]. Journal of Catalysis, 2003, 214 (2): 213-219.

[125] YU J, ZHANG E, WANG L, et al. The Interaction of NH_4HSO_4 with Vanadium-Titanium Catalysts Modified with Molybdenum and Tungsten [J]. Energy & Fuels, 2020, 34(2): 2107-2116.

[126] LISI L, CIMINO S. Poisoning of SCR Catalysts by Alkali and Alkaline Earth Metals [J]. 2020, 10(12): 1475.

[127] ZHU N, SHAN W, SHAN Y, et al. Effects of alkali and alkaline earth metals on Cu-SSZ-39 catalyst for the selective catalytic reduction of NO_x with NH_3 [J]. Chemical Engineering Journal, 2020, 388: 124250.

[128] KERN P, KLIMCZAK M, HEINZELMANN T, et al. High-throughput study of the effects of inorganic additives and poisons on NH_3-SCR catalysts. Part II: Fe-zeolite catalysts [J]. Applied Catalysis B: Environmental, 2010, 95 (1): 48-56.

[129]WU P, TANG X, HE Z, et al. Alkali Metal Poisoning and Regeneration of Selective Catalytic Reduction Denitration Catalysts: Recent Advances and Future Perspectives [J]. Energy & Fuels, 2022, 36(11): 5622-5646.

[130]TAROT M L, BARREAU M, DUPREZ D, et al. Influence of the Sodium Impregnation Solvent on the Deactivation of Cu/FER-Exchanged Zeolites Dedicated to the SCR of NO_x with NH_3[J]. 2018, 8(1): 3.

[131]TAROT M L, IOJOIU E E, LAUGA V, et al. Influence of Na, P and (Na+ P) poisoning on a model copper-ferrierite NH_3-SCR catalyst [J]. Applied Catalysis B: Environmental, 2019, 250: 355-368.

[132]HANSEN B B, JENSEN A D, JENSEN P A. Performance of diesel particulate filter catalysts in the presence of biodiesel ash species [J]. Fuel, 2013, 106: 234-240.

[133]XU Y, WU X, LIN Q, et al. SO_2 promoted V_2O_5-MoO_3/TiO_2 catalyst for NH_3-SCR of NO_x at low temperatures [J]. Applied Catalysis A: General, 2019, 570: 42-50.

[134]BAI S, ZHAO J, WANG L, et al. SO_2-promoted reduction of NO with NH_3 over vanadium molecularly anchored on the surface of carbon nanotubes [J]. Catalysis Today, 2010, 158(3): 393-400.

[135]KWON D W, PARK K H, HA H P, et al. The role of molybdenum on the enhanced performance and SO_2 resistance of V/Mo-Ti catalysts for NH_3-SCR [J]. Applied Surface Science, 2019, 481: 1167-1177.

[136]YU W B, LI D Z. Valid publication of the name Sarcococca longipetiolata (Buxaceae): Third time lucky [J]. Taxon, 2014, 63(4): 925-928.

[137]ZHANG Q M, SONG C L, LV G, et al. Effect of metal oxide partial substitution of V_2O_5 in V_2O_5-WO_3/TiO_2 on selective catalytic reduction of NO with NH_3 [J]. Journal of Industrial and Engineering Chemistry, 2015, 24: 79-86.

[138]LEE K J, KUMAR P A, MAQBOOL M S, et al. Ceria added Sb-V_2O_5/TiO_2 catalysts for low temperature NH_3 SCR: Physico-chemical properties and catalytic activity [J]. Applied Catalysis B: Environmental, 2013, 142-143:

705-717.

[139] FRANCE L J, YANG Q, LI W, CHEN Z, et al. Ceria modified FeMnO$_x$ - Enhanced performance and sulphur resistance for low-temperature SCR of NO$_x$[J]. Applied Catalysis B: Environmental, 2017, 206: 203-215.

[140] SHEN B, ZHANG X, MA H, et al. A comparative study of Mn/CeO$_2$, Mn/ZrO$_2$ and Mn/Ce-ZrO$_2$ for low temperature selective catalytic reduction of NO with NH$_3$ in the presence of SO$_2$ and H$_2$O [J]. Journal of Environmental Sciences, 2013, 25(4): 791-800.

[141] XU W, HE H, YU Y J. Deactivation of a Ce/TiO$_2$ catalyst by SO$_2$ in the selective catalytic reduction of NO by NH$_3$[J]. The Journal of Physical Chemistry C, 2009, 113(11): 4426-4432.

[142] CAO L, WU X, CHEN Z, et al. A comprehensive study on sulfur tolerance of niobia modified CeO$_2$/WO$_3$-TiO$_2$ catalyst for low-temperature NH$_3$-SCR [J]. Applied Catalysis A: General, 2019, 580: 121-130.

[143] LIU Z, LIU H, ZENG H, et al. A novel Ce-Sb binary oxide catalyst for the selective catalytic reduction of NO$_x$ with NH$_3$[J]. Catalysis Science & Technology, 2016, 6(22): 8063-8071.

[144] WANG X, LI D, NAN Z. Effect of N content in g-C$_3$N$_4$ as metal-free catalyst on H$_2$O$_2$ decomposition for MB degradation [J]. Separation and Purification Technology, 2019, 224: 152-162.

[145] ZHANG L, QU H, DU T, et al. H$_2$O and SO$_2$ tolerance, activity and reaction mechanism of sulfated Ni-Ce-La composite oxide nanocrystals in NH$_3$-SCR [J]. Chemical Engineering Journal, 2016, 296: 122-131.

[146] GAO X, JIANG Y, FU Y, et al. Preparation and characterization of CeO$_2$/TiO$_2$ catalysts for selective catalytic reduction of NO with NH$_3$[J]. Catalysis Communications, 2010, 11(5): 465-469.

[147] YAO X, KONG T, CHEN L, et al. Enhanced low-temperature NH$_3$-SCR performance of MnO$_x$/CeO$_2$ catalysts by optimal solvent effect [J]. Applied Surface Science, 2017, 420: 407-415.

[148] YANG B, SHEN Y, SU Y, et al. Functional-membrane coated Mn-La-Ce-

Ni−O$_x$ catalysts for selective catalytic reduction NO by NH$_3$ at low−temperature [J]. Catalysis Communications, 2017, 94: 47−51.

[149] PENG Y, LI J, SI W, et al. Ceria promotion on the potassium resistance of MnO$_x$/TiO$_2$ SCR catalysts: An experimental and DFT study [J]. Chemical Engineering Journal, 2015, 269: 44−50.

[150] LI M Y, GUO R T, HU C X, et al. The enhanced resistance to K deactivation of Ce/TiO$_2$ catalyst for NH$_3$−SCR reaction by the modification with P [J]. Applied Surface Science, 2018, 436: 814−822.

[151] GAO S, WANG P, CHEN X, et al. Enhanced alkali resistance of CeO$_2$/SO$_4^{2-}$−ZrO$_2$ catalyst in selective catalytic reduction of NO$_x$ by ammonia [J]. Catalysis Communications, 2014, 43: 223−226.

[152] YU W, WU X, SI Z, et al. Influences of impregnation procedure on the SCR activity and alkali resistance of V$_2$O$_5$−WO$_3$/TiO$_2$ catalyst [J]. Applied Surface Science, 2013, 283: 209−214.

[153] HU G, YANG J, TIAN Y, et al. Effect of Ce doping on the resistance of Na over V$_2$O$_5$−WO$_3$/TiO$_2$ SCR catalysts [J]. Materials Research Bulletin, 2018, 104: 112−118.

[154] KORNELAK P, MICHALAK A, NAJBAR M. A comparison of the electronic structure and NO adsorption on the (001)−V$_2$O$_5$ surfaces and (001)−V$_2$O$_5$ surfaces with Mo defects−DFT cluster studies [J]. Catalysis Today, 2005, 101(2): 175−183.

[155] FANG D, LI D, HE F, et al. Experimental and DFT study of the adsorption and activation of NH$_3$ and NO on Mn−based spinels supported on TiO$_2$ catalysts for SCR of NO$_x$ [J]. Computational Materials Science, 2019, 160: 374−381.

[156] KHATRI P, BHATIA D. Effect of gas composition on the NO$_x$ adsorption and reduction activity of a dual−function Ag/MgO/γ−Al$_2$O$_3$ catalyst [J]. Applied Catalysis A: General, 2021, 618: 118114.

[157] ANSTROM M, TOPSØE N Y, DUMESIC J A. Density functional theory studies of mechanistic aspects of the SCR reaction on vanadium oxide catalysts

[J]. Journal of Catalysis, 2003, 213(2): 115-125.

[158]XIANG J, WANG L, CAO F, et al. Adsorption properties of NO and NH$_3$ over MnO$_x$ based catalyst supported on γ-Al2O3 [J]. Chemical Engineering Journal, 2016, 302: 570-576.

[159]ZHANG L, CUI S, GUO H, et al. Density function theoretical and experimental study of NH$_3$+NO$_x$ adsorptions on MnO$_x$/TiO$_2$ surface [J]. Computational Materials Science, 2016, 112: 238-244.

[160]PETITJEAN H, CHIZALLET C, BERTHOMIEU D. Modeling Ammonia and Water Co-Adsorption in CuI-SSZ-13 Zeolite Using DFT Calculations [J]. Industrial & Engineering Chemistry Research, 2018, 57 (47): 15982-15990.

[161]MAO Y, WANG Z, WANG H F, et al. Understanding Catalytic Reactions over Zeolites: A Density Functional Theory Study of Selective Catalytic Reduction of NO$_x$ by NH$_3$ over Cu-SAPO-34 [J]. ACS Catalysis, 2016, 6 (11): 7882-7891.

[162]DEKA U, JUHIN A, EILERTSEN E A, et al. Confirmation of Isolated Cu^{2+} Ions in SSZ-13 Zeolite as Active Sites in NH$_3$-Selective Catalytic Reduction [J]. The Journal of Physical Chemistry C, 2012, 116(7): 4809-4818.

[163]WIJAYANTI K, XIE K, KUMAR A, et al. Effect of gas compositions on SO$_2$ poisoning over Cu/SSZ-13 used for NH$_3$-SCR [J]. Applied Catalysis B: Environmental, 2017, 219: 142-154.

[164]WEI L, CUI S, GUO H, et al. The effect of alkali metal over Mn/TiO$_2$ for low-temperature SCR of NO with NH$_3$ through DRIFT and DFT [J]. Computational Materials Science, 2018, 144: 216-222.

[165]PENG Y, LI J, SHI W, et al. Design Strategies for Development of SCR Catalyst: Improvement of Alkali Poisoning Resistance and Novel Regeneration Method [J]. Environmental Science & Technology, 2012, 46(22): 12623-12629.

[166]BUSCA G, LIETTI L, RAMIS G, et al. Chemical and mechanistic aspects of the selective catalytic reduction of NO$_x$ by ammonia over oxide catalysts: A re-

view [J]. Applied Catalysis B-Environmental, 1998, 18(1-2): 1-36.

[167]DUSSELIER M, DAVIS M E. Small-Pore Zeolites: Synthesis and Catalysis [J]. Chemical Reviews, 2018, 118(11): 5265-5329.

[168]IWAMOTO M, FURUKAWA H, MINE Y, et al. Copper(II) ion-exchange-dI ZSM-5 zeolites as highly-active catalysts for direct and continuous decomposition of nitrogen MoNO$_X$ide [J]. Journal of the Chemical Society-Chemical Communications, 1986, 16: 1272-1273.

[169]PANG L, FAN C, SHAO L N, et al. The Ce doping Cu/ZSM-5 as a new superior catalyst to remove NO from diesel engine exhaust [J]. Chemical Engineering Journal, 2014, 253: 394-401.

[170]WANG T, LIU H Z, ZHANG X Y, et al. A plasma-assisted catalytic system for NO removal over CuCe/ZSM-5 catalysts at ambient temperature [J]. Fuel Processing Technology, 2017, 158: 199-205.

[171]SERRANO D P, ESCOLA J M, PIZARRO P. Synthesis strategies in the search for hierarchical zeolites [J]. Chemical Society Reviews, 2013, 42 (9): 4004-4035.

[172]RUTKOWSKA M, DÍAZ U, PALOMARES A E, et al. Cu and Fe modified derivatives of 2D MWW-type zeolites (MCM-22, ITQ-2 and MCM-36) as new catalysts for DeNO$_x$ process [J]. Applied Catalysis B: Environmental, 2015, 168-169: 531-539.

[173]YUE Y Y, LIU H Y, YUAN P, et al. One-pot synthesis of hierarchical FeZSM-5 zeolites from natural aluminosilicates for selective catalytic reduction of NO by NH$_3$[J]. Scientific Reports, 2015, 5.

[174]LIU J X, YU F H, LIU J,et al. Synthesis and kinetics investigation of meso-microporous Cu-SAPO-34 catalysts for the selective catalytic reduction of NO with ammonia [J]. Journal of Environmental Sciences, 2016, 48: 45-58.

[175]XIE Z G, ZHOU X X, WU H X, et al. One-pot hydrothermal synthesis of CuBi co-doped mesoporous zeolite Beta for the removal of NO$_x$ by selective catalytic reduction with ammonia [J]. Scientific Reports, 2016, 6.

[176]YAN Z F, LI Z, HE K, et al. Hierarchical Fe-ZSM-5 with nano-single-u-

nit-cell for removal of nitrogen oxides [J]. Energy Sources Part a-Recovery Utilization and Environmental Effects, 2016, 38(3): 315-321.

[177]VENNESTRØM P N R, GRILL M, KUSTOVA M, et al. Hierarchical ZSM-5 prepared by guanidinium base treatment: Understanding microstructural characteristics and impact on MTG and NH_3-SCR catalytic reactions [J]. Catalysis Today, 2011, 168(1): 71-79.

[178]PENG C, LIU Z, HORIMOTO A, et al. Preparation of nanosized SSZ-13 zeolite with enhanced hydrothermal stability by a two-stage synthetic method [J]. Microporous and Mesoporous Materials, 2018, 255: 192-199.

[179]TAKATA T, TSUNOJI N, TAKAMITSU Y, et al. Nanosized CHA zeolites with high thermal and hydrothermal stability derived from the hydrothermal conversion of FAU zeolite [J]. Microporous and Mesoporous Materials, 2016, 225: 524-533.

[180]WU S, HUANG J, WU T, et al. Synthesis, Characterization, and Catalytic Performance of Mesoporous Al-SBA-15 for Tert-butylation of Phenol [J]. Chinese Journal of Catalysis, 2006, 27(1): 9-14.

[181]SONG H, CHANG Y X, SONG H L. Deep adsorptive desulfurization over Cu, Ce bimetal ion-exchanged Y-typed molecule sieve [J]. Adsorption-Journal of the International Adsorption Society, 2016, 22(2): 139-150.

[182]SHAN J H, LIU X Q, SUN L B, et al. Cu-Ce Bimetal Ion-Exchanged Y Zeolites for Selective Adsorption of Thiophenic Sulfur [J]. Energy & Fuels, 2008, 22(6): 3955-3959.

[183]LI J H, WANG G M, GAO C L, et al. Deoxy-Liquefaction of Laminaria japonica to High-Quality Liquid Oil over Metal Modified ZSM-5 Catalysts [J]. Energy & Fuels, 2013, 27(9): 5207-5214.

[184]BEALE A M, GAO F, LEZCANO-GONZALEZ I, et al. Recent advances in automotive catalysis for NO_x emission control by small-pore microporous materials [J]. Chemical Society Reviews, 2015, 44(20): 7371-7405.

[185]KU C, LIU J, ZHAO Z, et al. NH_3-SCR denitration catalyst performance over vanadium-titanium with the addition of Ce and Sb [J]. Journal of Envi-

ronmental Sciences, 2015, 31: 74-80.

[186] WANG T, LIU H, ZHANG X, et al. A plasma-assisted catalytic system for NO removal over CuCe/ZSM-5 catalysts at ambient temperature [J]. Fuel Processing Technology, 2017, 158: 199-205.

[187] LIU Z, YI Y, LI J, et al. A superior catalyst with dual redox cycles for the selective reduction of NO_x by ammonia [J]. Chemical Communications, 2013, 49(70): 7726-7728.

[188] BRANDENBERGER S, KROCHER O, WOKAUN A, et al. The role of Bronsted acidity in the selective catalytic reduction of NO with ammonia over Fe-ZSM-5 [J]. Journal of Catalysis, 2009, 268(2): 297-306.

[189] WANG D, ZHANG L, LI J H, et al. NH_3-SCR over Cu/SAPO-34 - Zeolite acidity and Cu structure changes as a function of Cu loading [J]. Catalysis Today, 2014, 231: 64-74.

[190] WORCH D, SUPRUN W, GLÄSER R. Supported transition metal-oxide catalysts for HC-SCR $DeNO_x$ with propene [J]. Catalysis Today, 2011, 176 (1): 309-313.

[191] ZHU L, QU H X, ZHANG L, et al. Direct synthesis, characterization and catalytic performance of Al-Fe-SBA-15 materials in selective catalytic reduction of NO with NH_3 [J]. Catalysis Communications, 2016, 73: 118-122.

[192] IWASAKI M, YAMAZAKI K, BANNO K, et al. Characterization of Fe/ZSM-5 $DeNO_x$ catalysts prepared by different methods: Relationships between active Fe sites and NH_3-SCR performance [J]. Journal of Catalysis, 2008, 260(2): 205-216.

[193] KUSTOV A L, HANSEN T W, KUSTOVA M, et al. Selective catalytic reduction of NO by ammonia using mesoporous Fe-containing HZSM-5 and HZSM-12 zeolite catalysts: An option for automotive applications [J]. Applied Catalysis B: Environmental, 2007, 76(3): 311-319.

[194] GAO F, SZANYI J, WANG Y L, et al. Hydrothermal Aging Effects on Fe/SSZ-13 and Fe/Beta NH_3-SCR Catalysts [J]. Topics in Catalysis, 2016, 59 (10-12): 882-886.

[195]WANG D, JANGJOU Y, LIU Y, et al. A comparison of hydrothermal aging effects on NH_3-SCR of NO_x over Cu-SSZ-13 and Cu-SAPO-34 catalysts [J]. Applied Catalysis B-Environmental, 2015, 165: 438-445.

[196]NIU C, SHI X Y, LIU F D, et al. High hydrothermal stability of Cu-SAPO-34 catalysts for the NH_3-SCR of NO_x [J]. Chemical Engineering Journal, 2016, 294: 254-263.

[197]HU Y F, CHEN H, HU Y, et al. Catalytic Property of SAPO-18/SAPO-34 Intergrown Molecular Sieve in 1-Butene Cracking [J]. Chemistry Letters, 2015, 44(8): 1116-1118.

[198]LIN Q J, XU S H, LIU S, et al. Novel Cu-Based CHA/AFI Hybrid Crystal Structure Catalysts Synthesized for NH_3-SCR [J]. Industrial & Engineering Chemistry Research, 2019, 58(2): 18046-18054.

[199]CHENG J, HAN S, YE Q, et al. Selective catalytic reduction of NO with NH_3 over the Cu/SAPO-34 catalysts derived from different Cu precursors [J]. Microporous and Mesoporous Materials, 2019, 278: 423-434.

[200]LIU Z, LIU L J, SONG H, et al. Hierarchical SAPO-11 preparation in the presence of glucose [J]. Materials Letters, 2015, 154: 116-119.

[201]KANG Y, LI Z, CUI J, et al. Addition of Ce in Cu/Three - Dimensional Graphene Derived from Watermelon for Low Temperature NH_3 - SCR [J]. ChemistrySelect, 2020, 5(4): 1364-1369.

[202]CAO Y, ZOU S, LAN L, et al. Promotional effect of Ce on Cu-SAPO-34 monolith catalyst for selective catalytic reduction of NO_x with ammonia [J]. Journal of Molecular Catalysis a-Chemical, 2015, 398: 304-311.

[203]JANG J Y, WANG D, KUMAR A, et al. SO_2 Poisoning of the NH_3-SCR Reaction over Cu-SAPO-34: Effect of Ammonium Sulfate versus Other S-Containing Species [J]. Acs Catalysis, 2016, 6(10): 6612-6622.

[204]NIU C, SHI X Y, LIU K, et al. A novel one-pot synthesized CuCe-SAPO-34 catalyst with high NH_3-SCR activity and H_2O resistance [J]. Catalysis Communications, 2016, 81: 20-23.

[205]FAN J, NING P, WANG Y C, et al. Significant promoting effect of Ce or La

on the hydrothermal stability of Cu−SAPO−34 catalyst for NH_3−SCR reaction [J]. Chemical Engineering Journal, 2019, 369: 908−919.

[206] DONG X S, WANG J H, ZHAO H W, et al. The promotion effect of CeO_x on Cu−SAPO−34 catalyst for selective catalytic reduction of NO_x with ammonia [J]. Catalysis Today, 2015, 258: 28−34.

[207] GARCÍA−BORDEJÉ E, PINILLA J L, LÁZARO M J, et al. NH_3−SCR of NO at low temperatures over sulphated vanadia on carbon−coated monoliths: Effect of H_2O and SO_2 traces in the gas feed [J]. Applied Catalysis B: Environmental, 2006, 66(3): 281−287.

[208] CAO Y, FAN D, SUN L, et al. The self−protection effect of reactant gas on the moisture stability of CuSAPO−34 catalyst for NH_3−SCR [J]. Chemical Engineering Journal, 2019, 374: 832−839.

[209] LI R, WANG P, MA S, et al. Excellent selective catalytic reduction of NO_x by NH_3 over Cu/SAPO−34 with hierarchical pore structure [J]. Chemical Engineering Journal, 2020, 379: 122−376.

[210] AZARHOOSH M J, HALLADJ R, ASKARI S. Sonochemical synthesis of SA−PO−34 catalyst with hierarchical structure using CNTs as mesopore template [J]. Research on Chemical Intermediates, 2017, 43(5): 3265−3282.

[211] WANG P, LI Z, WANG X, et al. One−pot synthesis of Cu/SAPO−34 with hierarchical pore using cupric citrate as a copper source for excellent NH_3−SCR of NO performance [J]. 2020, 12(19): 4871−4878.

[212] OORD R, TEN HAVE I, ARENDS J, et al. Enhanced activity of desilicated Cu−SSZ−13 for the selective catalytic reduction of NO_x and its comparison with steamed Cu−SSZ−13 [J]. Catalysis Science & Technology, 2017, 7 (17): 3851−3862.

[213] CAI S, HU H, LI H, et al. Design of multi−shell Fe_2O_3@ MnOx@ CNTs for the selective catalytic reduction of NO with NH_3: improvement of catalytic activity and SO_2 tolerance [J]. Royal Society of Chemistry, 2016, 8(6): 3588−3598.

[214] YANG L, WANG P, YAO L, et al. Copper doping promotion on Ce/CAC−

CNT catalysts with high sulfur dioxide tolerance for low-temperature NH_3-SCR [J]. ACS Sustainable Chemistry & Engineering, 2021, 9 (2): 987-997.

[215] HUANG C, HAN M, ZHANG L, et al. Preparation of ultramicroporous volume carbon using high-speed ball-milling and its selective adsorption of CH_4 in low-concentration coalbed methane [J]. Chemical routes to materials, 2022, 57(13): 6914-6928.

[216] GUO D Y, GUO R T, DUAN C P, et al. The enhanced K resistance of Cu-SSZ-13 catalyst for NH_3-SCR reaction by the modification with Ce [J]. Molecular Catalysis, 2021, 502: 111-392.

[217] CHENG J, HAN S, YE Q, et al. Selective catalytic reduction of NO with NH_3 over the Cu/SAPO-34 catalysts derived from different Cu precursors [J]. Microporous and Mesoporous Materials, 2019, 278: 423-434.

[218] DUAN C, GUO R, LIU Y, et al. Enhancement of potassium resistance of Ce-Ti oxide catalyst for NH_3-SCR reaction by modification with holmium [J]. Journal of Rare Earths, 2022, 40(1): 49-56.

[219] TANG X, LI C, YI H, et al. Facile and fast synthesis of novel Mn_2CoO_4@rGO catalysts for the NH_3-SCR of NO_x at low temperature [J]. Chemical Engineering Journal, 2018, 333: 467-476.

[220] YOUN J R, KIM M J, LEE S J, et al. The influence of CNTs addition on $Mn-Ce/TiO_2$ catalyst for low-temperature NH_3-SCR of NO [J]. Catalysis Communications, 2021, 152: 106-282.

[221] FAN J, NING P, WANG Y, et al. Significant promoting effect of Ce or La on the hydrothermal stability of Cu-SAPO-34 catalyst for NH_3-SCR reaction [J]. Chemical Engineering Journal, 2019, 369: 908-919.

[222] HAN S, CHENG J, YE Q, et al. Ce doping to Cu-SAPO-18: Enhanced catalytic performance for the NH_3-SCR of NO in simulated diesel exhaust [J]. Microporous and Mesoporous Materials, 2019, 276: 133-146.

[223] MAO J W, XU B, HU Y K, et al. Effect of Ce metal modification on the hydrothermal stability of Cu-SAPO-34 catalyst [J]. Journal of Fuel Chemistry

and Technology, 2020, 48(10): 1208-1216.

[224] FAN J, NING P, WANG Y, et al. Significant promoting effect of Ce or La on the hydrothermal stability of Cu-SAPO-34 catalyst for NH_3-SCR reaction [J]. Chemical Engineering Journal, 2019, 369: 908-919.

[225] CHEN Q, YANG Y, LUO H, et al. Ce regulated surface properties of Mn/SAPO-34 for improved NH3-SCR at low temperature [J]. RSC Advances, 2020, 10(66): 40047-40054.

[226] MING Y, LI G. One-pot synthesis of FeCu-SSZ-13 using Cu-TEPA as the template by adding iron complexes [J]. Catalysis Science & Technology, 2021, 11(22): 7467-7474.

[227] JANG Y Y, WANG D, KUMAR A, et al. SO_2 Poisoning of the NH_3-SCR Reaction over Cu-SAPO-34: Effect of Ammonium Sulfate versus Other S-Containing Species [J]. ACS Catalysis, 2016, 6(10): 6612-6622.

[228] LIANG J, TAO J, MI Y, et al. Unraveling the boosting low-temperature performance of ordered mesoporous Cu-SSZ-13 catalyst for NO_x reduction [J]. Chemical Engineering Journal, 2021, 409: 128-238.

[229] PENG C, YAN R, PENG H, et al. One-pot synthesis of layered mesoporous ZSM-5 plus Cu ion-exchange: Enhanced NH_3-SCR performance on Cu-ZSM-5 with hierarchical pore structures [J]. Journal of Hazardous Materials, 2020, 385: 121-593.

[230] HAN L, CAI S, GAO M, et al. Selective catalytic reduction of NOx with NH_3 by using novel catalysts: State of the art and future prospects [J]. Chemical Reviews, 2019, 119(19): 10916-10976.

[231] LIANG J, MI Y, SONG G, et al. Environmental benign synthesis of Nano-SSZ-13 via FAU trans-crystallization: Enhanced NH_3-SCR performance on Cu-SSZ-13 with nano-size effect [J]. Journal of Hazardous Materials, 2020, 398: 122-986.

[232] BAI S, ZHAO J, WANG L, et al. SO_2-promoted reduction of NO with NH_3 over vanadium molecularly anchored on the surface of carbon nanotubes [J]. Catalysis Today, 2010, 158(3-4): 393-400.

[233]QI G, YANG R T. Performance and kinetics study for low-temperature SCR of NO with NH$_3$ over MNO$_x$-CeO$_2$ catalyst [J]. Journal of Catalysis, 2003, 217(2): 434-441.

[234]CHANG H, CHEN X, LI J, et al. Improvement of Activity and SO$_2$ Tolerance of Sn-Modified MNO$_x$-CeO$_2$ Catalysts for NH$_3$-SCR at Low Temperatures [J]. Environmental Science & Technology, 2013, 47(10): 5294-5301.

[235]LIU F, HE H, DING Y, et al. Effect of manganese substitution on the structure and activity of iron titanate catalyst for the selective catalytic reduction of NO with NH$_3$[J]. Applied Catalysis B: Environmental, 2009, 93(1): 194-204.

[236]WANG H, QU Z P, DONG S C, et al. Superior Performance of Fe$_{1-x}$W$_x$O delta for the Selective Catalytic Reduction of NO$_x$ with NH$_3$: Interaction between Fe and W [J]. Environmental Science & Technology, 2016, 50(24): 13511-13519.

[237]SHAN W P, LIU F D, HE H, et al. Novel cerium-tungsten mixed oxide catalyst for the selective catalytic reduction of NO$_x$ with NH$_3$[J]. Chemical Communications, 2011, 47(28): 8046-8048.

[238]CHEN L, LI J H, ABLIKIM W, et al. CeO$_2$-WO$_3$ Mixed Oxides for the Selective Catalytic Reduction of NO$_x$ by NH$_3$ Over a Wide Temperature Range [J]. Catalysis Letters, 2011, 141(12): 1859-1864.

[239]CHANG H Z, JONG M T, WANG C Z, et al. Design Strategies for P-Containing Fuels Adaptable CeO$_2$-MoO$_3$ Catalysts for DeNO(x): Significance of Phosphorus Resistance and N-2 Selectivity [J]. Environmental Science & Technology, 2013, 47(20): 11692-11699.

[240]MA L, CHENG Y S, CAVATAIO G, et al. Characterization of commercial Cu-SSZ-13 and Cu-SAPO-34 catalysts with hydrothermal treatment for NH$_3$-SCR of NO$_x$ in diesel exhaust [J]. Chemical Engineering Journal, 2013, 225: 323-330.

[241]GILLOT S, TRICOT G, VEZIN H, et al. Development of stable and efficient

CeVO$_4$ systems for the selective reduction of NO$_x$ by ammonia: Structure-activity relationship [J]. Applied Catalysis B-Environmental, 2017, 218: 338-348.

[242] ESLAVA S, SEO J W, KIRSCHHOCK C E A, et al. Comment on "MEL-type Pure-Silica Zeolite Nanocrystals Prepared by an Evaporation-Assisted Two-Stage Synthesis Method as Ultra-Low-k Materials" [J]. Advanced Functional Materials, 2010, 20(15): 2377-2379.

[243] ILIOPOULOU E F, STEFANIDIS S D, KALOGIANNIS K G, et al. Catalytic upgrading of biomass pyrolysis vapors using transition metal-modified ZSM-5 zeolite [J]. Applied Catalysis B-Environmental, 2012, 127: 281-290.

[244] PRIETO A, PALOMINO M, DIAZ U, et al. One-pot two-step process for direct propylene oxide production catalyzed by bi-functional Pd(Au)@TS-1 materials [J]. Applied Catalysis a-General, 2016, 523: 73-84.

[245] SILVESTRE-ALBERO A, GRAU-ATIENZA A, SERRANO E, et al. Desilication of TS-1 zeolite for the oxidation of bulky molecules [J]. Catalysis Communications, 2014, 44: 35-39.

[246] ZHANG L, SUN J, LI L, et al. Selective Catalytic Reduction of NO by NH$_3$ on CeO$_2$-MO$_x$(M = Ti, Si, and Al) Dual Composite Catalysts: Impact of Surface Acidity [J]. Industrial & Engineering Chemistry Research, 2018, 57 (2): 490-497.

[247] WANG C, CHEN J G, XING T, et al. Vanadium Oxide Supported on Titano-silicates for the Oxidative Dehydrogenation of n-Butane [J]. Industrial & Engineering Chemistry Research, 2015, 54(14): 3602-3610.

[248] WANG F, MA J Z, HE G Z, et al. Synergistic Effect of TiO$_2$-SiO$_2$ in Ag/Si-Ti Catalyst for the Selective Catalytic Oxidation of Ammonia [J]. Industrial & Engineering Chemistry Research, 2018, 57(35): 11903-11910.

[249] LIU C X, CHEN L, LI J H, et al. Enhancement of Activity and Sulfur Resistance of CeO$_2$ Supported on TiO$_2$-SiO$_2$ for the Selective Catalytic Reduction of NO by NH$_3$ [J]. Environmental Science & Technology, 2012, 46(11): 6182-6189.

[250] CHEN L, REN S, JIANG Y, et al. Effect of Mn and Ce oxides on low-temperature NH_3-SCR performance over blast furnace slag-derived zeolite X supported catalysts [J]. Fuel, 2022, 320: 123-969.

[251] YANG J, HUANG Y, SU J, et al. Low temperature denitrification and mercury removal of Mn/TiO_2-based catalysts: A review of activities, mechanisms, and deactivation [J]. Separation and Purification Technology, 2022, 297: 121-544.

[252] YANG J, REN S, ZHANG T, et al. Iron doped effects on active sites formation over activated carbon supported Mn-Ce oxide catalysts for low-temperature SCR of NO [J]. Chemical Engineering Journal, 2020, 379: 122-398.

[253] PAN W G, HONG J N, GUO R T, et al. Effect of support on the performance of Mn-Cu oxides for low temperature selective catalytic reduction of NO with NH_3 [J]. Journal of Industrial and Engineering Chemistry, 2014, 20 (4): 2224-2227.

[254] GU J, DUAN R, CHEN W, et al. Promoting Effect of Ti Species in MNO_x-FeO_x/Silicalite-1 for the Low-Temperature NH_3-SCR Reaction [J]. Catalysts, 2020, 10(5): 566.

[255] GU J, ZHU B, DUAN R, et al. Highly dispersed MNO_x-FeO_x supported by silicalite-1 for the selective catalytic reduction of NO_x with NH_3 at low temperatures [J]. Catalysis Science & Technology, 2020, 10 (16): 5525-5534.

[256] YAN R, LIN S, LI Y, et al. Novel shielding and synergy effects of Mn-Ce oxides confined in mesoporous zeolite for low temperature selective catalytic reduction of NO_x with enhanced SO_2/H_2O tolerance [J]. J Hazard Mater, 2020, 396: 122-592.

[257] CHANG H, ZHANG T, DANG H, et al. Fe_2O_3@$SiTi$ core-shell catalyst for the selective catalytic reduction of NO_x with NH_3: activity improvement and HCl tolerance [J]. Catalysis Science & Technology, 2018, 8 (13): 3313-3320.

[258] YAN Q, CHEN S, ZHANG C, et al. Synthesis and catalytic performance of

$Cu_1Mn_{0.5}Ti_{0.5}O$ mixed oxide as low-temperature NH_3-SCR catalyst with enhanced SO_2 resistance [J]. Applied Catalysis B: Environmental, 2018, 238: 236-247.

[259] GAO Y, LUAN T, ZHANG S, et al. Comprehensive Comparison between Nanocatalysts of $Mn-Co/TiO_2$ and $Mn-Fe/TiO_2$ for NO Catalytic Conversion: An Insight from Nanostructure, Performance, Kinetics, and Thermodynamics [J]. Catalysts, 2019, 9(2):

[260] LIN L Y, LEE C Y, ZHANG Y R, et al. Aerosol-assisted deposition of Mn-Fe oxide catalyst on TiO_2 for superior selective catalytic reduction of NO with NH_3 at low temperatures [J]. Catalysis Communications, 2018, 111: 36-41.

[261] LEE T, BAI H. Metal Sulfate Poisoning Effects over $MnFe/TiO_2$ for Selective Catalytic Reduction of NO by NH_3 at Low Temperature [J]. Industrial & Engineering Chemistry Research, 2018, 57(14): 4848-4858.

[262] PENG Y, WANG D, LI B, et al. Impacts of Pb and SO_2 Poisoning on CeO_2-WO_3/TiO_2-SiO_2 SCR Catalyst [J]. Environmental Science & Technology, 2017, 51(20): 11943-11949.

[263] WANG D, ZHANG L, KAMASAMUDRAM K, et al. In Situ-DRIFTS Study of Selective Catalytic Reduction of NO_x by NH_3 over Cu-Exchanged SAPO-34 [J]. ACS Catalysis, 2013, 3(5): 871-881.

[264] GONG J, NARAYANASWAMY K, RUTLAND C J. Heterogeneous Ammonia Storage Model for NH_3-SCR Modeling [J]. Industrial & Engineering Chemistry Research, 2016, 55(20): 5874-5884.

[265] GAO R, ZHANG D, LIU X, et al. Enhanced catalytic performance of $V_2O_5-WO_3/Fe_2O_3/TiO_2$ microspheres for selective catalytic reduction of NO by NH_3 [J]. Catalysis Science & Technology, 2013, 3(1): 191-199.